자폐여도 괜찮아, 우린 초등학교 입학한다!

자폐여도 괜찮아, 우린 초등학교 입학한다!

초 판 1쇄 2023년 03월 14일
초 판 2쇄 2024년 07월 02일

기 획 리본SCL
지은이 김윤정
감 수 유선희
그 림 이한희
펴낸이 류종렬

펴낸곳 미다스북스
본부장 임종익
편집장 이다경, 김가영
디자인 윤가희, 임인영
책임진행 이예나, 김요섭, 안채원

등록 2001년 3월 21일 제2001-000040호
주소 서울시 마포구 양화로 133 서교타워 711호
전화 02) 322-7802~3
팩스 02) 6007-1845
블로그 http://blog.naver.com/midasbooks
전자주소 midasbooks@hanmail.net
페이스북 https://www.facebook.com/midasbooks425
인스타그램 https://www.instagram.com/midasbooks

ⓒ 리본SCL, 김윤정, 미다스북스 2023, *Printed in Korea*.

ISBN 979-11-6910-183-7 03590

값 17,000원

마음아, 우리 같이 학교 가자!

자폐여도 괜찮아,
우린 초등학교 입학한다!

리본SCL 기획 **김윤정** 지음 **유선희** 감수 **이한희** 그림

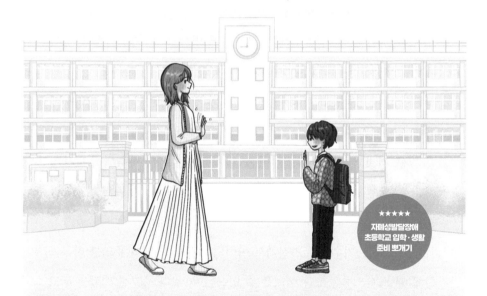

★★★★★
자폐성발달장애
초등학교 입학·생활
준비 뽀개기

조금은 천천히 성장하는 우리 마음이를 위한 초등학교 입학 준비서

미다스북스

"안녕하세요. 공부하는 엄마 윤정쌤이에요"

안녕하세요. 여러분의 오늘은 행복하셨나요? 자폐성발달장애 도늬 엄마 '공부하는 엄마 윤정쌤'입니다. 책을 준비하며 도늬의 초등학교 생활을 되짚어보면서, 시간이 참 빠르다는 생각이 들었습니다. 쌍둥이 도늬 여니를 키우면서, 조금은 느리게 성장하는 도늬의 뒷바라지와 성장 과정을 지켜보는 재미로 제 젊음의 10년은 화살과 같이 지난 것 같습니다. 글이 정리되고 출판되는 시점에 우리 도늬는 벌써 5학년이 되었네요.

도늬가 36개월에 자폐성발달장애 진단을 받은 후 온 가족이 힘을 모아 아이의 성장을 응원하고 뒷바라지했습니다. 그 결과는 초등학교 입학과 적응으로 이어졌습니다. 자폐성발달장애는 그 특징이 너무도 다양하게 나타나기에 '과연 우리 아이가 초등학교를 잘 들어갈 수 있을까?'부터가 가장 큰 걱정이었습니다. 어린이집, 유치원 단계부터 해왔던 발달센터 치료 수업 속 모든 과정이 초등학교 입학이라는 하나의 목표로 진행되었습니다.

느린 아이를 키우시는 가정에서 아이의 초등학교 입학 준비를 하루아침에 해낸다는 것은 조금 어려울 수 있습니다. 보다 충분한 시간을 두고 아이의 성장을 지켜보면서 아이에게 가장 잘 맞는 초등학교를 결정한 후 그에 따른 체계적인 준비가 필요하다고 미리 꼭 말씀 드리고 싶습니다.

초등학교 입학은 모두가 축하받을 일입니다. 유치원 교사 시절 15번의 유치원 졸업식에 참여했습니다. 유치원을 졸업하고 초등학교에 입학하는 7살반 아이들은 늠름하게 졸업사진에 포즈를 취하며 새로운 출발을 시작합니다. 마찬가지로 학부모님들도 어린이집과 유치원이라는 다수의 선생님들의 손길이 함께했던 영·유아 기관을 떠나 '초등학교'에 보내야 한다는 마음에 긴장을 하게 됩니다. 사실 저는 느린 아이를 키우는 부모로서 긴장을 넘어서 걱정과 두려움이 앞섰기에 일도 잠시 내려놓고 아이의 뒷바라지를 했습니다. 초등학교 생활이 시작되면 아이도 부모님도 교육에 대한 시간 할애 정도와 생활 패턴이 모두 변경될 수밖에 없기에 초반에는 조금 더 신경을 쓸 수밖에 없습니다.

저는 우리 아이들의 초등학교 입학 덕분에 시작한 새로운 공부를 통해 현재 아람초등학교에서 위클래스 상담 교사로 근무하며 학생들의 다양한 어려움을 함께 고민하고 동료 교사들의 고충을 공감하며 초등학교 입학과 학교생활 그리고 운영 과정을 다양한 관점으로 살펴보고 있습니다.

우리 아이 아직 한글을 모르는데, 초등학교 가서 우두커니 앉아만 있다가 오는 건 아닌지 걱정되나요?

우리 아이 아직 화장실도 잘 못 가리는데, 매일 바지에 오줌 싸고 올까봐 염려되나요?

우리 아이 여전히 의사소통이 잘 안 되는데, 친구들과의 관계, 처음 만나는 담임 선생님과의 관계에서 탠트럼이 날까 걱정되나요?

우리 아이는 어떤 초등학교, 어떤 교과 과정이 정말 필요한지 아직도 잘 모르겠죠? 그런데 어디서 알아봐야 하는지도 막막하죠?

저와 우리 가족이 4년 전 고민했던 수십 가지의 내용 중의 일부입니다. 물론 여러분들도 이와 같은 혹은 더 많은 고민, 걱정, 염려 그리고 희망찬 기대들이 있으실 것입니다. 그런데 걱정은 걱정일 뿐 현실에 한 번은 부딪혀야 그 다음으로 나아갈 수 있습니다.

우리 아이 초등학교 입학! 그 준비하는 과정부터 함께할 수 있음에 감사하며 유치원을 뛰어넘어 초등학교로 입학하는 우리 가정의 아이들과 학부모님들에게 축하의 마음을 가득 담은 응원의 메시지를 전합니다.

이 책은 자폐스펙트럼장애가 있지만 학교에 잘 적응한 우리 아들 도늬와 주변 친구들의 성장 과정을 바탕으로 구성하였습니다. 더불어 오랜 시간 동안 현장에서 천천히 성장하는 친구들을 가르치고 계시는 코끼리아동청소년발달센터 진접연구소 유선희 원장님의 감수를 통해 한 권의 책으로 완성되었습니다. 학부모, 학교, 치료기관의 입장과 노하우를 소개하고, 천천히 성장하는 아이의 초등학교 입학 준비에 필요한 정보를 활용하기 쉽게 제공하고자 노력했습니다.

그리고 조금은 느리지만 천천히 성장하는 우리 아이들을 '마음이'라고 표현하였습니다. 우리 가정이 초등학교 입학을 앞둔 자녀를 항상 사랑하는 마음을 담고 싶었습니다.

마지막으로 각기 다른 지역, 아이의 특성, 가족 환경 등이 있는 것을 고려해주시기 바라며, 걱정은 잠시 접어두고 우리 마음이와 함께하는 초등학교 입학 세계로 한 발짝 들어가볼까요?

우리 마음이의 초등학교 입학을 축하합니다.

차례

프롤로그 "안녕하세요. 공부하는 엄마 윤정쌤이에요" … 4

인트로 초등학교 입학 전, 우리 아이 파악하기! … 12

1장

천천히 성장하는 마음이의 초등학교 입학 준비

이제 모두 학교 갈 준비 됐나요?

1 두둥! 초등학교 취학통지서를 받았어요 … 19

2 예비소집일과 입학 날 어떻게 하죠? … 22

3 초등학교 선생님과의 첫 상담! 무엇을 준비할까요? … 32

4 방과 후 활동과 돌봄 교실이 있어요 … 37

5 학교의 하루와 연간 스케줄이 궁금해요 … 45

6 공식적인 학교 활동 참여 방법이 궁금해요! … 49

7 유치원에 없지만 학교에 있는 것은? … 56

2장

마음이 부모님을 위한 가장 쉬운 초등교육 설명서

초등 교육에 대한 이론 vs 현실

1 특수교육대상자의 초등학교 선택하기 Tip! … 65

2 특수교육대상자 반드시 신청해야 할까요? … 74

3 특수교육대상자 신청 방법을 알고 싶어요 ··· 80

4 장애등록과 특수교육대상자 신청은 뭐가 다른가요? ··· 82

5 통합교육에 대한 이해가 필요해요 ··· 84

6 초등학교 입학 유예의 장점과 단점, 고민의 답은? ··· 92

7 초등학교와 유치원의 다른 그림 찾기 ··· 95

8 개별화교육계획(IEP)은 정말 중요해요 ··· 98

9 온라인 수업, 우리 마음이에게 필요한 것은? ··· 103

10 배려? 열외? 마음이가 원하는 것은 무엇일까요? ··· 111

11 6학년까지 잘 다니려면? ··· 117

3장 입학 전 부모님들의 걱정과 고민, 전부 풀어드립니다!
처음이라 궁금한 초등학교 A to Z 들여다보기

1 담임 선생님에게 우리 마음이를 어떻게 소개해야 할까요? ··· 127

2 느리다고 담임 선생님이 싫어하진 않겠죠? ··· 130

3 학부모 반모임에 나가면 어떻게 할까요? ··· 133

4 엄마가 학교에 어디까지 개입, 협력할 수 있나요? ··· 139

5 탠트럼이 있어요. 아이들이 왕따 시키진 않을까요? ··· 142

6 친구들을 집으로 초대하기 YES or NO ··· 147

7 반 편성에 대한 의견을 선생님께 말씀드려도 될까요? ··· 149

8 학교에서 우리 아이를 바라보는 시선이 궁금해요 ··· 154

9 비장애 형제, 자매와 같은 학교를 보내야 할까요? 다른 학교를 보내야 할까요? ··· 157

10 준비물 똑소리나게 챙기는 방법 ··· 162

11 우리 마음이가 다른 친구들에게 피해 주면 어쩌죠? ··· 168

12 정말, 마음이가 학교에서 배우고 있겠죠? ··· 172

4장 특수교육부터 예체능까지, 학습에 대한 모든 것
공부는 언감생심일까요? 마음이도 공부할 수 있어요!

1 언어 표현이 부족한 우리 아이, 어떻게 가르쳐야 할까요? … 181

2 특수교육의 시작과 끝! … 187

3 수학, 어떻게 가르쳐야 할까요? … 191

4 예체능 활동은 어떻게 해주면 좋을까요? … 193

5 집중이 어려운 우리 아이, 집에서 할 수 있는 방법은? … 200

6 호불호 강한 아이, 좋아하는 놀이와 공부만 시켜도 되나요? … 203

7 다른 아이들은 다 학원 가는데, 우리 아이는 어떡하죠? … 207

5장 우리들은 1학년, 우리 아이에게 꼭 필요한 것들
집에서부터 교실까지, 훑어보는 학교생활 미리보기

1 학교 가는 길의 시작, 등하굣길은 함께해주세요 … 215

2 바지에 용변 실수해도 안심할 수 있게 준비해주세요 … 220

3 매일 즐겁게 급식실에 갈 수 있도록 지원해주세요 … 227

4 보드게임도 학교도 규칙이 있어요 … 233

5 자기 마음을 적절하게 표현할 수 있도록 알려주세요 … 236

6 뭐라도 한 가지는 잘하면 무조건 좋아요! … 244

7 착석과 모방만 잘해도 반은 먹고 들어갑니다 … 249

8 용모 단정 부분! 우리 반 상위권이 될 수 있게 도와주세요 … 255

9 최소한의 루틴, 아이가 인지할 수 있도록 해주세요 … 260

6장 엄마 아빠도 1학년, 학부모들에게 꼭 필요한 것들
부모부터 꼼꼼하게 체크해야 아이도 안심합니다

1 담임 선생님과 좀 더 친해져볼까요? … 269

2 특수학급 선생님과 친해지는 비법이 있나요? … 272

3 같은 반 친구 엄마랑은 어떻게 친해질까요? … 276

4 바깥놀이에 주저하지 마세요! 놀이터 활용법 … 283

5 마음이의 교육 방법, 헷갈리게 하면 안 돼요! … 286

6 가정통신문 = 학교와의 징검다리 … 289

7 엄마의 관심을 알림장으로 표현해주세요 … 292

8 마음이의 포트폴리오를 만들어주세요 … 294

9 쉬는 시간에 친구와 노는 법을 알려주세요 … 297

10 '만약에', '혹시나'에 대한 대안이 필요해요 … 301

7장 이 땅의 모든 마음이들을 응원하며
우리 마음이도 분명히 성장하고 있습니다

1 세상에서 가장 안전한 곳, 학교 … 307

2 부모가 아이에게 꼭 해주어야 할 이야기 … 309

3 인정하고 싶지 않지만, 인정해야 하는 현실의 벽 … 311

4 2학년 격차 도전! 이제 2학년으로 올라가볼까요? … 314

부록 … 318

초등학교 입학 전, 우리 아이 파악하기!

초등학교 입학의 선택 기준은, 아이의 컨디션입니다.

초등학교 입학 전, 각 지역 교육청에서는 초등학교 입학 예정자들에게 취학통지서를 발송합니다. 취학통지서는 거주지 주소에 따라 자동으로 배정되며, 주소 소재지에 따라 배정 학교가 결정됩니다. 이를 학구도라고 합니다. 따라서 각 가정에서는 사전에 주소지에 따른 학구도 확인이 필요합니다. 거주 지역의 특성, 인근 학교의 환경과 특수학급의 유무 등 다양한 확인을 통해 초등학교에 대하여 고민을 해야 하는데요, 그 전에 가장 중요한 것은 우리 마음이의 현재 컨디션을 파악하고 조언을 받는 것입니다.

학습 지연 및 발달의 경계성에 있는 아이들부터 다양한 장애 유형에 포함되는 우리 마음이들이 있습니다. 자폐성발달장애, 인지장애, 지체장애, 시각장애, 청각장애 등 학교를 입학하는 데 있어 우리 마음이의 장애와 컨디션이 어떠한지를 먼저 살펴봐야 합니다. 제가 만나본 가정의 부모님들 중에서는 아이의 컨디션을 전혀 고려하지 않고 학교를 선택하여 마음이가 많이 힘들어했던 경우도 있었습니다.

우리 마음이가 대소변은 볼 수 있나요?

우리 마음이가 혼자 식판에 밥은 먹을 수 있나요?

우리 마음이가 혼자 옷과 신발을 신고 벗을 수 있나요?

우리 마음이가 의사소통은 어디까지 되나요?

우리 마음이가 문자, 그림에 대한 이해는 어떤 수준인가요?

우리 마음이가 한글, 숫자를 어디까지 알고 있나요?

우리 마음이가 착석은 가능한가요?

우리 마음이가 지시 이행과 호응, 대답은 어디까지 반응하나요?

우리 마음이의 모방 실행은 어떠한가요?

이 외에도 우리 마음이가 할 줄 아는 것, 알고 있는 것 그리고 못 하는 것 등에 대하여 부모님들이 천천히 체크리스트를 만들어가면서 살펴보는 것을 추천합니다. 이유는, 어떤 환경의 초등학교에 입학하더라도 담임 및 특수학급 선생님과 교감, 교장 선생님에게 우리 아이의 수준에 대하여 정확하게 알려드리고 도움이 필요할 수 있는 상황을 대비해야 하기 때문입니다. 간혹, 학기 초 특수교육대상자 또는 장애가 있는 아이를 배정받았을 때 아이의 컨디션을 살펴보지도 않고 마음적으로 밀어내는 선생님을 만날 수도 있습니다.

이러한 모든 것을 대비하여, 우리 아이의 발달, 학습, 인지, 행동, 사회성 등 모든 부분의 항목을 차근히 살펴보시는 시간을 가져보세요. 그래야만, 우리 아이가 일반학교의 특수학급이 있는 학교로 입학해야 하는지, 특수학교를 보내야 하는지, 대안학교를 선택해야 하는지 또는 초등학교 유예를 해야 하는지를 판단하여 상황에 따라 지역을 옮겨 가정의 이사를 준비할 수 있습니다.

취학에 대한 가정에서의 1차적인 결정은 전년도 8월 이전에 이루어지는 게 좋습니다. 이유는 매년 9월 중순부터 특수교육대상자 초등학교 입학 선정 배치 신청이 시작되기 때문입니다.

아이의 발달 수준을 먼저 살펴주시고 난 다음, 이사 등 입학을 위한 가정 내 준비사항을 체크하신 후 입학 희망 학교를 선택하세요. 이 과정에서 저희는 선택이 아닌 목표라는 단어를 사용했습니다. 가장 최상위 레벨로 도전했기 때문입니다. 초등학교 입학 준비는 전년도 3월부터 고민이 시작되어야 하고, 8월에는 어느 정도의 결정이 필요합니다. 그래야만 우리 마음이의 초등학교 입학의 스케줄이 정리됩니다. 마음이의 학교 배정이 완료되었다면, 입학 예정인 학교의 주변 환경, 학교 분위기, 통학을 위한 경로를 살펴보시면서 앞으로 안내해드리는 초등학교 입학 과정에 대하여 하나씩 준비해보시기 바랍니다.

초등학교 입학의 선택 기준은, 아이의 컨디션입니다.

조금은 느리고 천천히 성장하는 우리 마음이가 얼마나 준비되었는지,

더불어 우리 가정에서는 아이를 위해 어디까지 챙길 수 있는지가 중요합니다. 이 점, 꼭 살펴보시기 바랍니다.

　우리 도늬와 우리 가정에 대한 간략한 소개로 시작을 할게요. 도늬는 만 36개월에 자폐성발달장애 진단을 받았고, 쌍둥이 여동생 여니가 있습니다. 남매 쌍둥이를 키우면서, 장애진단을 받은 도늬를 키우면서 우여곡절도 많았지만, 일반학교 통합교육을 목표로 초등학교 입학을 준비하였습니다. 가장 중요한 사회성을 길러주기 위해 초등학교 입학 전 발달센터, 낮병원(day hospital)을 병행하며 부족한 부분을 채우는 과정을 4년간 진행했습니다.

　유치원 때 특수교육대상자로 선정을 받아 아이가 필요한 부분과 관련된 특수교육 서비스를 이용했습니다. 이 부분은 현재 초등학교에서도 굿센카드 및 통합학급 순회교사 프로그램 등 일부 지원을 받고 있습니다.

　코로나 등으로 인해 온라인 비대면 수업 등도 곧잘 따라 하면서 적응하였고, 사회적 거리두기의 기준이 높았을 때에는 학교에서 친구들과 소통이 불가하여 사회성 향상에 다소 어려움이 있었지만, 하나씩 어려움을 극복해나가면서 스스로 아침 8시 반이면 학교에 등교하여 맛있는 급식을 먹고 하교 후 합기도, 수영, 피아노, 수학학원, 공부방, 온라인 학습지 등을 통해 학습을 이어가고 있습니다. 그리고 메타버스 로블록스 게임을 가장 좋아하며, 엘리베이터에 대한 열정은 여전한 아이입니다. 성인이 되면 운전면허를 따고 싶어 하는 예비 드라이버 초등 5학년 도늬입니다.

1장

천천히 성장하는 마음이의 초등학교 입학 준비

이제 모두 학교 갈 준비 됐나요?

두둥! 초등학교 취학통지서를 받았어요

초등학교 취학통지서, 이젠 집에서 다 확인 가능해요.

초등학교 입학 전, 각 지역 교육청에서는 초등학교 입학 예정자들에게 매년 12월에 취학통지서를 발송합니다. 그러면 이제 본격적인 초등학교 입학에 대한 실감이 되는데요, 취학통지서는 우리 가족의 거주지 주소에 따라 자동으로 배정되어 마음이 가족에게 전달됩니다.

초등학교 입학을 앞둔 학부모님들은 우리 아이의 첫 학교의 시작인 취학통지서를 받으면 마음이 콩닥콩닥해지기 마련이에요. 걱정 반 기대 반으로 시작되는데, 추위가 시작되는 12월부터 우리 아이가 무엇을 준비해야 하는지 살피곤 합니다. 그리고 유치원 겨울방학에 들어서면서 상대적으로 관망했던 한글 공부, 숫자 공부, 영어 공부 등이 우리 아이들에게 더 많이 진행되는 것도 사실이에요. 취학통지서는 아이의 취학 여부를 증명하는 것으로, 통상적으로 예비소집일에 필요한 서류입니다.

취학통지서는 입학을 앞둔 우리 아이의 학교에 제출하고, 이를 통해 3월에 학교 입학을 증명하는 용도로 사용됩니다. 분실을 했다 하더라도 크게 걱정 안 하셔도 됩니다. 부모님의 신분증이나 주민등록등본 등으로 거주지 사실 확인만 된다면 큰 문제없이 예비소집일에 참석하셔서 입학 등록이 가능합니다.

취학통지서는 통상적으로 지역의 통장님이 가가호호 방문을 하셔서 전달해주는 형식이었습니다. 하지만 이제는 온라인으로도 취학통지서를 받을 수 있습니다. 서울시의 경우에는 2017년부터 서울시청 홈페이지를 통해 취학통지서를 발급하였으며, 코로나 시대를 거쳐 2022년도부터는 전국에서 [정부24] 사이트를 통해 취학통지서를 신청하여 발급 받을 수 있게 되었습니다. 매년 서비스 신청 기간은 상이하지만, 통상 12월 초에 [정부24] 사이트를 통해 신청이 가능하며, 혹시나 깜빡하고 놓치신 분들은 종전과 같이 우편 또는 인편으로 수령할 수 있습니다. 한마디로 정의하면, 인터넷으로 모든 게 가능하니 집을 비워서 놓쳤다고 걱정하실 이유가 하나도 없어졌습니다.

취학통지서는 전년 10월 말 주민등록 주소지 기준으로 발급이 됩니다. 그래서 입학을 희망하는 학교가 있다면, 가능하면 전년도 10월 이전에는 이사를 확정하여 입학 준비를 해야 덜 복잡합니다. 학교, 지역별로 조금씩 차이는 있지만, 이사를 통해 주소지를 옮겨 입학을 하고자 하는 경우는 미리 학교 측에 전달하여 입학 준비에 차질 없게 준비할 수도 있으니 관할 교육청과 입학초등학교에 문의해보실 것을 권장드립니다.

특수교육대상자인 마음이의 경우에는 앞에서 말씀드렸듯이 8월에는 가정 내에서 입학을 희망하는 학교에 대한 1차적인 결정이 이루어져야 합니다. 매년 9월 중순부터 특수교육대상자 입학 선정 배치 신청이 시작되기 때문입니다.

마음이들은 특수학교 또는 특수학급을 선택하기 위해 관할 내 초등학교가 아닌 다른 지역의 학교를 선택하는 경우가 종종 발생합니다. 원칙적으로는 취학통지서상의 지정 초등학교에 입학하는 것이 기준이나, 예외적으로 장애 및 가정환경 등 '부득이한 사유'가 인정될 경우에는 입학을 희망하는 학교장의 승낙을 반드시 받은 후 입학 학교를 선택할 수 있습니다. 사전에 입학 희망 학교의 학교장의 승낙이 필요한 이유는 특수학급의 정원율, 특수학급 선생님 인원 및 배정 여부 등이 타 지역의 입학 예정자를 수용할 수 있는 중요한 요인이 되기 때문입니다.

2

예비소집일과 입학 날 어떻게 하죠?

[예비소집일]

시간을 내서 꼭 아이의 손을 잡고 학교의 구석구석을 미리 살펴보실 것을 강력 추천드립니다.

공식적으로 우리 마음이의 초등학교 입학과 관련하여 첫 행사 참여는 입학식이 아닌, 예비소집일 참석입니다. 예비소집일 참석을 통해 우리 아이가 취학통지서에 명시된 학교의 일원으로, 학생으로 입학을 하겠다고 확인하는 자리인데요, 취학통지서를 수령하시게 되면, 예비소집일의 장소와 일정을 확인할 수 있답니다.

예비소집일은 말 그대로 예비소집입니다. 전국의 사립, 국공립, 특수학교마다 차이가 있지만, 통상적으로 1월 말 이전에 진행이 됩니다. 준비물은 취학통지서 또는 신분증이나 거주지 확인 가능한 등본을 지참하시면 됩니다. 지역별로 상이하지만 주민센터에서 재발급도 가능하니 너무 걱정 안 하셔도 됩니다.

예비소집일에는 입학을 앞둔 아이들의 건강을 살피기 위해 필수 예방접종 여부를 체크하고, 방과 후 돌봄 교실 수요 조사 등 학교에서 입학 후 바로 준비해야 하는 1학년 친구들을 가르치기 위한 준비 작업을 확인합니다. 학교마다 차이는 있지만, 특수교육대상자, 특수학급 배정을 위한 인원을 확인하기도 합니다. 장애 유무 및 특수학급대상자 여부와 관계없이 조금이라도 더 좋은 환경의 초등학교에 우리 아이들의 초등학교 입학을 희망하는 건 모든 부모님의 같은 마음일 거예요. 특히, 마음이네 가정에는 이러한 것이 더 절실한 것도 사실이죠. 그래서 특수학급 대상, 특수교육대상자 자녀를 둔 학부모님의 경우에는 반드시 예비소집일에 참석을 하셔서 학교와 사전 교감을 하실 것을 권장드립니다.

그리고 예비소집일은 입학 등록 준비뿐만 아니라 학교에서 준비한 자료 안내, 가정에 전하는 당부사항 등을 안내받는 날입니다. 그리고 더더욱 중요한 건 아이들이 공식적으로 학교를 처음으로 들어가볼 수 있다는 것입니다. 물론 형제자매가 있거나 해당 학교 병설유치원에 다녔던 경우에는 간접적으로 학교를 경험해볼 수 있었겠지만, 모든 것이 처음인 마음이에게는 초등학교의 담벼락은 어마어마하게 높게 느껴질 것입니다.

어린이집, 유치원의 담벼락의 높이와는 수준이 다른 규모일 것이라 시간이 허락된다면 이날 꼭 아이의 손을 잡고 학교의 구석구석을 미리 살펴보실 것을 강력 추천드립니다.

우리 마음이는 새로운 환경에 적응하는 데 좀 더 시간이 필요하잖아요. 새로움에 바로 적응하면 좋겠지만, 예비소집일 이후엔 바로 입학식 그리고 그다음 날부터는 학교 등교이기 때문에 한 번이라도 먼저 눈으로 학교를 보고 1학년 교실과 대강당, 화장실, 복도 등 모든 것이 새롭게 다가올 초등학교를 먼저 답사한다 생각하고 둘러볼 것을 권장합니다. 학교를 직접 둘러보면 입학에 대한 마음이의 부담감이 훨씬 낮아질 겁니다. 가정으로 돌아오신 후에는 입학식 전까지 가방에 자기 물건을 넣어 잠그고 혼자 메고 집을 나서는 연습을 무한 반복하며 자신감을 높일 수 있도록 도와주세요.

만약, 보호자가 예비소집 참석이 불가할 경우에는 사전에 학교에 사유를 전달해야 합니다. 그렇지 않으면 학교에서는 입학 의사가 없는 것으로 간주할 수도 있어서 혼선이 발생될 수도 있습니다. 해당 일정 참석이 불가할 경우에는 꼭 학교에 연락을 해서 별도의 일정을 잡아 방문해 주세요.

첫 아이의 초등학교 입학은 누구에게나 설레고 모르는 것 투성이입니다. 초등학교에서도 학부모님들의 상황을 이해하며 모르는 것에 대하여는 하나씩 설명을 해주시니 걱정 마시고 초등학교 1학년의 첫 관문을 하나씩 살펴나가길 바랍니다. 추가로 우리 마음이에 대한 반 배정이나 짝꿍 친구 등에 대한 협조를 구하고자 할 때에는 예비소집일을 통해 교무부장님이나 1학년 부장 선생님과 별도 면담을 요청해서 의견을 전달해주시는 것도 좋습니다. 말로만 전달하는 것보다는 간단하게 메모를 요약해서 준비해 가신다면, 마음이에 대한 정보 전달 및 협의가 보다 잘 진행될 겁니다.

[입학식]

강당에 많은 사람들이 모입니다. 마음이가 놀라지 않고, 답답하지 않게 해주세요. 첫날부터 무너지면 곤란해요.

두둥! 드디어 입학식 3월 2일 아침이 다가왔습니다. 길고 긴 겨울방학이 끝났다는 해방감과 동시에 초등학교 1학년 입학을 앞둔 우리 아이에 대한 걱정이 끝도 없는 건 사실입니다.

입학식에 혼자 아이를 보내는 가정은 없을 것입니다. 이날만큼은 보호자가 반드시 아이의 손을 잡고 가야 합니다. 입학식은 초등학교에서도 연례행사 중 가장 큰 행사입니다. 보통 10시~11시에 진행되고, 대강당에 모여 교장 선생님의 훈화 말씀과 학교 선배들의 공연, 학교 소개를 받은 후 각 반의 교실로 이동하게 됩니다. 강당엔 각 반의 팻말이 세워져 있고, 담임 선생님과 처음으로 인사를 나눕니다. 우리 마음이의 담임 선생님은 남자인지, 여자인지부터 젊은 분인지 연차가 있는 분인지 어떤 성향의 선생님일지에 대한 궁금증이 풀리는 순간입니다.

강당 규모, 학교에서 준비한 행사 상황에 따라 입학식의 분위기는 다르겠지만, 우리 아이들도 학부모님들도 모두 어색하고 긴장되는 건 마찬가지입니다. 그리고 같은 반 친구들의 얼굴을 처음 맞이하는 상황이기에 가지각색의 아이들이 연출됩니다. 어색한 아이, 신나하는 아이, 바른 착석과 예쁜 자세로 선생님의 말씀에 눈과 귀를 쫑긋하는 아이 등 말이죠. 그런데 실제 상황에서는 다른 아이들의 모습은 보이질 않을 것입니다. 우리 마음이가 어떻게 하고 있는지, 우리 마음이는 저 속에서 잘 앉아 있고 이탈하지 않을지가 걱정되어 온 신경이 우리 마음이에게 쏠려 있을 테니까요.

입학식 행사 후 담임 선생님의 인솔로 드디어 1학년 교실로 입장하게 됩니다. 다수의 학교에서는 5학년 또는 6학년 선배인 형, 누나, 언니, 오빠가 아이들을 챙겨주는 프로그램을 운영하기도 합니다. 동생들이 처음이라 긴장하고 어색하니, 동생들이 물어보는 것에 대답도 해주고 교실까지 손을 잡고 이끌어주는 1일 멘토의 역할이죠.

입학식 때에는 책가방, 실내화를 챙겨 준비합니다. 예비소집일에 전달받은 가정환경조사서 등 학교에서 안내한 서류를 챙겨 제출합니다. 학급으로 이동하면 자리에 우리의 아이들의 자리가 정해져 있습니다. 보통은 남녀 친구들의 비율을 고려하여 번호 순으로 짝꿍을 맺어 자기 자리에 착석합니다. 부모님들은 교실 뒤편에 서서 아이들과 함께 담임 선생님과의 첫 수업에 참여합니다. 하교 후에는 학교에서 배부된 신청서와 학급

별 학습준비물 목록의 내용을 꼼꼼히 확인해서 다음 날부터 혼자 등교해야 하는 우리 아이들의 준비물을 야무지게 챙겨줘야 합니다.

우리 마음이는 상대적으로 행동발달이 조금 늦기에 입학식부터 잘 준비해야 합니다. 낯선 환경, 낯선 사람들과 교실의 분위기에 어색하여 교실을 이탈해서 돌발행동을 하거나 소리를 지르거나 하면 첫 만남의 친구들과 학부모들에게 제대로 주목을 받기 때문입니다.

교실에는 같은 반 아이들 외에 학부모님들도 모두 입장을 하여 선생님의 말씀을 듣게 됩니다. 충분히 따뜻한 교실입니다. 아이가 너무 덥지 않게 답답하지 않게 옷을 풀어주는 것도 하나의 방법입니다. 입학식 첫날의 복장은 편안하게 입혀주세요. 간혹 여자아이의 경우 치마나 구두를 신고 오는 경우도 있지만, 가장 편안하게 첫날을 즐길 수 있게 해주세요. 학교는 편안한 곳이라는 것을 인식시켜주는 것이 가장 중요합니다. 입학식 스케줄 및 학교 환경에 따라 실내화로 갈아 신기를 생략하는 경우도 있으니 학교의 안내에 따르시기 바랍니다.

마음이 학부모님들은 가급적 입학식이 종료된 후 담임 선생님과 짧게라도 상담을 요청하는 것을 권장합니다. 물론 학기가 시작되면 아이들 이름 또는 번호 순서에 따라 상담이 모두에게 시작되지만, 그전에 우리 마음이는 한 번 더 담임 선생님께 조금은 특수한 상황을 설명해주셔야 합니다. 담임 선생님들도 반에서 다름이 있는 학생들을 사전에 체크하시지만, 빠르고 디테일하게 체크하는 게 쉽지 않을 수 있기 때문입니다.

1학년 3월은 우리 마음이만 어려운 것이 아닙니다. 다른 친구들도 3월의 초등학교 등교가 어렵기는 매한가지입니다. 등교 거부, 두려움, 어색함, 높은 학교 담벼락, 낯선 선생님과 친구들까지 모두가 불편일 수밖에 없는 거죠. 이러한 어색한 상황에서 학교생활에 빠르게 적응시켜주기 위한 방법으로 마음이의 부족함, 어려움, 특별한 상황, 늦음, 장애 정도를 신속하게 담임 선생님께 알려주세요. 그래야 담임 선생님도 어수선한 1학년 1학기의 3월, 우리 마음이의 상황을 이해하며 다른 친구들과 함께 꾸려 나가실 수 있기 때문입니다.

도늬네는 예비소집일에 쌍둥이 여동생과 처음 학교 안으로 들어갔습니다. 물론 남편도 대동해서 같이 예비소집일에 가서 한 명씩 아이들을 담당했습니다. 쌍둥이 여동생 여니는 학교의 담벼락이 높아서 무섭다고 했죠. 실제로 학교가 산비탈에 있어서 담벼락이 좀 높기도 했습니다. 저는 서류를 챙겨서 제출하고 학교에서 나눠주는 안내문 등을 취합하였고, 남편이 아이들을 데리고 학교 이곳저곳을 구석구석 다녔습니다. 도늬가 좋아하는 엘리베이터도 구경시켜주고 학교 계단, 화장실, 급식실, 반 위치 등을 둘러보았습니다.

그 이후 겨울방학 동안 시간이 날 때마다 아침에 아이들의 손을 잡고 집에서 학교까지 걸어가는 연습을 하였습니다. 등굣길 학교 앞은 통학하는 아이들과 학부모님들로 북적이지만, 겨울방학 기간 내 학교 앞은 조용했기에 쌍둥이들이 천천히 학교 교문 앞까지 가는 것은 어렵지 않았고, 설레는 하루하루였습니다.

도늬의 입학식은 다사다난했습니다. 우리 가족은 저를 포함하여 총 5명의 보호자가 쌍둥이들의 입학식에 참석했습니다. 입학식 강당에서부터 드러눕고 발버둥치는 도늬의 모습이 나타났습니다. 답답하고 시끄럽고 어수선함에 착석은커녕 탠트럼에 가깝게 짜증이 터졌죠. 남편과 할아버지가 복도로 데리고 나가 아이를 진정시킨 후 교실로 겨우 가서 자기 자리에 앉혔습니다. 자기 이름은 글씨로 알고 있었기에 자리 이름이 붙어 있는 자리에 착석을 했지만, 곧 답답함에 몸이 뒤틀려서 뒤에서 담임 선생님 말씀을 경청하는 엄마 아빠만 쳐다보던 눈빛이 아직도 선합니다. 그런데 우리 도늬만 그런 게 아니었어요. 다른 아이들 중에도 불편하고 어색해하는 경우가 있었고, 그 모습을 보고 안절부절못하는 다른 부모님들의 모습도 볼 수 있었습니다.

입학식이 끝나고 남편은 답답해하는 아이를 챙겨 집으로 가고, 저는 남아서 담임 선생님과 짧은 상담을 하였습니다. 도늬의 장애 정도, 도늬의 상황을 대략 설명 드린 후 빠른 시일 내 상담을 요청 드렸습니다. 참고로 담임 선생님은 우리 아이에 대하여 이름과 성별, 장애등급만 알고 계셨답니다. 그래서 아이의 발달 정도, 학습 수준 등의 포트폴리오를 빠르게 준비하여 선생님과의 상담에 활용하였습니다.

초등학교 등교에 대한 거부감이나 학업에 대한 불안감 때문에 걱정이 시죠? 어린이집, 유치원을 옮기거나 방학 후 다시 등원 때마다 곤욕을 치뤘던 경험이 있었던 적이 있다면 더 걱정될 것입니다. 우리 센터에서도 사전 학교와 친해지기를 많이 가르칩니다.

도닉네처럼 사전에 학교에 자주 들락거리면서 익숙함을 늘려줘야 합니다. 가정에 한 가지 팁을 더 드리자면, 학교가 정해진 후 학교 홈페이지에 사전 상담이 가능한지를 물어보시기 바랍니다. 공식적으로 접수된 내용에 학교에서도 회신을 해야 하기에, 입학 전 학교 홈페이지 또는 유선 신청을 통해 모르는 것은 물어보고 대비해서 입학을 준비해야 합니다. 학교에서 확인이 어려운 건 그 상급기관인 관할 특수교육지원센터 게시판을 이용하시는 것도 방법입니다.

3

초등학교 선생님과의 첫 상담! 무엇을 준비할까요?

학부모 상담, 선생님과 기 싸움 할 생각 꿈도 꾸지 마세요!

입학식과 아이들의 등교가 시작되면, 우리 부모님들은 매일같이 교문까지 아이의 손을 잡고 등굣길을 함께할 것입니다. 통상 3월 한 달은 대다수 1학년 학부모님들이 등하교길 교문을 수호하고 있습니다. 물론 형제자매가 있는 경우에는 조금 상황이 다르지만, 우리 마음이들은 더더욱 마음이 놓이지 않으시기에 매일같이 교문 앞까지, 혹은 차량이 필요할 경우에는 학교 근처까지 데려다주고 교문을 통과하여 학교 안으로 잘 들어가는지를 지켜봅니다. 학교로 혼자 걸어들어가는 아이의 뒷모습을 보며 대견함과 걱정으로 한동안은 마음이 뭉클하실 수도 있습니다.

특수교육대상자 또는 아이의 상황에 따라 학교 주차장 출입을 허가 받을 경우에는 조금 더 편하게 우리 아이가 학교로 등교하는 것을 지켜볼 수 있습니다. 학교에 주차 여부가 가능한지 꼭 확인해보세요! 요즘 학교 앞 주정차 단속이 심해서 주차만 해결되더라도 마음이 한결 놓일 수 있으니까요.

입학식과 알림장을 통해 담임 선생님과의 공감된 내용을 토대로 학부모 상담이 시작됩니다. 공식적인 학부모 상담은 1년에 2번씩 운영이 됩니다. 1학기에는 3~4월에 진행이 되고, 2학기는 10월~11월에 일정이 계획됩니다. 상담은 반드시 만나서 해야 하는 건 아니지만, 가급적이면 직접 선생님을 뵙고 마음이의 행동발달, 학습 능력, 사회성 및 초등학교 1학년 교실에서 우리 부모님들이 희망하는 바람을 솔직하게 털어놓으시기 바랍니다. 담임 선생님은 수십 명의 학부모들을 상담하기에 두루뭉술하게 이야기하는 것보다는 우리 아이가 갖고 있는 모습, 부모의 바람, 마음이가 학교 적응에 필요한 것을 콕 짚어내는 것이 중요합니다.

특히 1학기에 진행되는 학부모 상담은 매우 특별합니다. 우리 마음이도 부모님도 담임 선생님도 1학기 적응이 어려운 건 마찬가지일 것이기 때문입니다. 수업을 이끌고 가야 하는 담임 선생님의 입장과 그 속에 아이들의 학습 진도 및 성향의 차이, 발전 정도를 확인해야 합니다.

마음이들이 우리 부모님들의 간절한 바람처럼 스스로 학교 교실에 입장하고 자리에도 잘 앉고 실내화도 잘 갈아 신고, 화장실도 도움 없이 잘 다녀오면서, 자기 물건을 사물함에 넣고 빼면서 학교생활을 하였으면 좋겠지만, 학기 초에는 누군가의 도움이 필요할 수도 있다고 판단되시면 가능한 한 빨리 담임 선생님과 특수학급 선생님께 상담을 요청하세요. 상담을 통해 상황에 따른 보조교사, 돌봄 도우미 등의 교실 내 입장을 고민해볼 수 있습니다. 가정에서 먼저 필요로 할 수도 있고, 거꾸로 안전 등의 문제로 선생님이 제안할 수도 있습니다. 중요한 건 협의로 진행이 가능하다는 것입니다. 이때, 마음이와 학급의 상황에 따라 부모님이 마음이의 부족함을 교실에서 채워주는 경우도 있을 수도 있습니다. 다만, 이러한 특별한 사항은 학부모, 담임 선생님, 특수학급 선생님 또는 교감, 교장 선생님과의 협의를 통해 진행이 된다는 점 안내드립니다.

가능하다면 우리 마음이의 성장 포트폴리오를 정리해서 정해진 상담 시간에 공유하지 못하는 내용을 전달하는 것을 추천드립니다. 어렵지 않게 작성하셔도 됩니다. 장애 유무와 인지, 신체적 활동의 불편함, 좋아하는 것, 싫어하는 것, 할 수 있는 것, 잘 못하는 것, 하려고 노력 중인 것, 학습 능력 정도, 부모가 바라는 목표 등을 적어주시면 됩니다. 수업 중 마음이가 잘 따라오지 못할 때, 마음이를 지원해줄 수 있는 방법과 기준을 부모님들이 건네주신 포트폴리오에서 확인하여 진행할 수 있기 때문입니다.

특수교육대상자라면 3월 말쯤 학부모, 담임 교사와 특수학급 선생님이 한자리에 모여 개별화교육계획(IEP: Individualized Education Plan)에 관한 상담이 진행됩니다. 이 부분은 2장의 8꼭지 '개별화교육(IE)은 정말 중요해요'에서 자세히 말씀 드리겠습니다.

2학기에 진행되는 상담은 1학기 상담 항목 기준으로 우리 마음이가 얼마나 성장했는지를 살펴봅니다. 2학기 상담은 1학기 때보다는 긴장감이 조금은 완화되어 담임 선생님과 대화를 진행합니다. 아마 1학기 적응에 문제가 발생했다면, 벌써 몇 번의 개별 상담과 아이 적응을 위해 담임 선생님과 면담이 진행되었을 수도 있으니까요. 친구들의 교우관계, 교실 내 놀이 문화에 대한 적응 등 학습 외적인 것을 물어보는 것을 권장합니다. 선생님의 지도하에 배우는 것보다 친구들의 놀이, 모방, 언어 등을 배우는 경험이 더 큰 1학년 교실이니까요.

사실 가정과 담임 선생님이 생각하시는 마음이의 학교 적응 모습이나 기대는 부모와 다를 수 있습니다. 아이를 오랜 시간 동안 관찰하고 지켜봐온 선생님의 조언이 경우에 따라선 뼈 때리는 현실적인 이야기일 수도 있고요. 그러한 조언도 우리 마음이의 발전을 돕기 위해 주는 의견으로 받아들이고 개선하고 노력해야 할 부분을 토대로 남은 1학년과 다음 학년을 준비해야 합니다.

선생님과의 상담에서는 절대 우리 마음이를 무시하거나 방관하는 듯한 모습과 언행은 피해 주세요. 학교에서는 반드시 우리 아이가 가장 사랑스러움을 표시해주셔야 합니다. 선생님들은 다년간의 교육 경험을 통해 부모님들의 말투와 표정 속에서 아이에 대한 가정에서의 모습을 그려 볼 수 있습니다. 마지막으로 선생님과 기 싸움은 절대 금물입니다. 요구 조건이 즉시 받아들여지지 않는다고 화내지 마세요. 다시 한번 대화를 나눌 수 있는 기회는 반드시 옵니다. 이 점, 꼭 명심하시기 바랍니다.

도늬의 1학년 1학기 담임 선생님과의 첫 상담을 되짚어봅니다.

저희 가정은 도늬의 성장을 기록하는 습관이 있습니다. 앞서 말씀드린 할 수 있는 학습 능력, 노력하는 학습 진도, 언어, 숫자, 수학 능력과 좋아하는 것, 싫어하는 것, 좋아하는 음식, 못 먹는 음식 등 3살 때부터 8살까지 아이의 성장 포트폴리오를 선생님들께 전달해드렸습니다. 포트폴리오가 거창할 필요는 없습니다. 일기처럼 메모의 연속이라고 생각해주시면 됩니다. 어린이집 상담 때 아이가 느리다는 이유로 걱정이 앞서 선생님들 앞에서 눈물을 보였던 남편도 이제는 덤덤히 도늬의 상태를 설명하면서, 가정에서도 절대 게을리하지 않는다는 점을 강조하였습니다.

4

방과 후 활동과 돌봄 교실이 있어요

방과 후 활동과 돌봄 교실을 경험하며, 학교 적응 시간을 늘려주세요.

초등학교의 정규 수업은 그리 길지 않습니다. 마음이 부모님들 입장에서 오전에 정신없이 학교를 보냈는데, 금방 돌아오는 느낌이 1학기 특히, 3월의 모습입니다. 그래서 정규 수업이 종료된 후에 1학년 1학기에는 방과 후 활동에 대한 신청 전쟁이 펼쳐집니다.

[방과 후 교실]

방과 후 활동은 정규 수업 후 교과와 연계된 수업이나 예체능 등 다양한 놀이와 운동, 학습을 접할 수 있는 프로그램입니다. 학교마다 진행되는 장소는 다르지만 교실, 강당, 도서관 등에서 다양하게 수업이 진행되는 게 특징입니다.

학교에서 진행되다 보니 저렴한 비용으로 다양한 배움을 얻을 수 있는 기회이지만, 마음이가 조금 어려워할 수도 있습니다. 이유는 같은 반 친구들만 하는 것이 아니라 1학년 전체 또는 2, 3학년 형, 누나들과도 함께해야 하는 수업이 있기에 조금 더 세심한 배려 등이 필요한 우리 마음이들의 상황을 모두 다 이해해줄 수 있을 만큼의 환경 조성이 안 되는 경우도 있기 때문입니다.

방과 후 활동은 1년에 4번, 분기별로 신청을 받습니다. 신청 방법은 학교마다 차이가 있겠지만 보통 온라인으로 진행됩니다. 활동은 크게 체육, 음악, 미술, 교과 심화 및 예능 영역으로 구분됩니다. 체육 활동은 줄넘기, 배드민턴, 농구, 축구 등 대중적인 운동 프로그램들이 있습니다. 음악 활동에는 피아노, 합창, 바이올린 등이 있고, 미술 활동에는 종이접기, 클레이아트, 회화 등이 있습니다. 교과 심화반은 창의수학, 원어민영어, 주산, 컴퓨터, 로봇, 코딩 등이 주요 수업으로 진행됩니다.

학교의 상황에 따라 우리 마음이가 할 수 있는 치료 수업이 개설되어 운영되는 학교도 있습니다. 타 학생들과의 형평성, 학교 예산 등 학교 실정에 대한 논의를 해야 하는 절차가 있지만, 천천히 성장하는 마음이를 위한 특수학급 중심의 방과 후 활동 수업이 개설되어 운영되는 사례도 있으니 학교와 협의를 통한 학교 적응을 위한 노력도 우리 학부모님들의 역할임을 다시 한 번 강조하여 안내드립니다.

방과 후 수업을 한두 개 참여하는 것과 아닌 것은 아이의 하교 시간에 영향을 줍니다. 가능하다면 방과 후 수업에 참여해볼 것을 제안드립니다. 마음이의 특성에 맞게 학습 또는 신체놀이, 체육 활동, 미술 활동, 요리 활동 등 조금 더 잘할 수 있는 프로그램에 참여하도록 해서 다른 친구들과의 교감을 늘려주실 것을 권장드립니다.

참고로, 방과 후 수업은 빠르게 마감되니 신청을 원하신다면 빠르게 움직이셔야 합니다. 대다수 수업이 선생님 한 분이 수업을 이끌어야 하기 때문에 경우에 따라 누군가의 보조가 필요할 수도 있습니다. 흔한 경우는 아니지만 상황에 따라 보호자 및 돌보미 선생님이 방과 후 선생님과 협의를 통해 마음이의 신체, 생활 학습 활동에 보조를 해줄 수도 있습니다. 이런 점을 학기 초 최대한 협의하고 확인하는 게 각 가정에서의 역할입니다.

방과 후 시간엔 학교 내 입장이 가능할 수도 있습니다. 이때 마음이의 학교생활도 살짝 들여다보면서 교내에서의 활동도 보조할 수 있다면 신청하셔서 마음이를 지켜봐주세요. 간접적으로만 지켜봐도 우리 마음이가 편안하게 수업에 임할 수 있을 것이니까요.

입학 후 학교와 협의가 된다면 보호자님들 간 논의 후 학교에 의견을 제시하여 장소를 할애 받아 방과 후 프로그램에 특수체육 등 치료 수업을 개설하는 것도 권장합니다. 비장애 아이들과 형, 누나들과 방과 후 활동을 진행할 때 1~2학년 마음이가 경우에 따라 소외될 수도 있기 때문입니다. 이러한 부분들은 학교를 다니면서 학교에 의견을 제안해주세요.

[돌봄 교실]

방과 후 활동과 연계되어 1학년 1학기에 많은 부모님들이 신청하는 돌봄 교실입니다. 돌봄 교실은 맞벌이 가정에게 아주 필요한 프로그램입니다. 직장 맘들의 경우 하교 후 집에서 자녀를 돌볼 수 없는 상황이기에 하루하루 학교 보내는 일이 가장 큰 어려움이죠. 유치원이나 어린이집은 종일반 제도가 있어서 퇴근 후에도 아이를 봐주는 교육과 보육의 개념을 갖고는 있지만, 초등학교는 보통 1학년의 경우 점심 급식 후 하교하기 때문에 오후 시간이 늘 고민이기도 합니다. 그래서 많은 엄마들이 초등학교 1학년 시기에 직장을 그만두거나 육아휴직을 신청하여 1학년 아이를 뒷바라지하는 경우가 많기도 합니다. 저 또한 그러한 사람 중 한 명이었습니다. 초등학교 1학년의 경우 혼자서 집에 있게 하는 것은 위험하고 학원을 보내는 것도 차량 셔틀을 이용해야 할 수도 있기 때문에 보통 일이 아닙니다. 그러나 경우에 따라 우리 마음이도 돌봄 교실을 충분히 활용할 수 있으니, 남의 일이라고만 생각하지 않으셔도 됩니다.

초등 돌봄 교실은 방과 후 아이들을 돌봐주는 교실입니다. 돌봄 교실에는 항시 돌봄 선생님이 아이들을 돌봐줍니다. 교육부에서 아이들을 안심하고 양육할 수 있는 정책을 점차 늘려 거의 모든 학교에서 돌봄 교실이 운영되고 있습니다. 돌봄 교실은 방과 후뿐만 아니라 학교 상황에 따라 아침과 야간에도 운영될 수 있으며 숙제, 일기, 독서 등 학생들의 기본 학습과 예체능과 체험 학습 등 프로그램으로 진행합니다.

돌봄 교실을 이용할 수 있는 대상은 1, 2학년 중 맞벌이 가정과 한 부모 가정, 저소득층 등이지만 점차 확대되고 있습니다. 비용은 지원 대상 학생은 전액 무상이며, 그 외 친구들은 학교 여건에 따라 급식비, 간식비 등은 수익자 부담으로 운영됩니다. 돌봄 교실은 등하교 시간이 정해져 있지 않습니다. 우리 마음이네 가정 중 부모님들의 스케줄로 인해 잠시 머물러야 하는 곳이 필요하다면 학교와 협의하여 돌봄 교실을 이용해보세요. 등교 전, 또는 하교 후 다음 스케줄 이동 전 친구들과 소통의 기회를 더 가지며 안전하게 머무르면서 부모님을 기다릴 수 있습니다.

돌봄 교실은 자율적으로 운영됩니다. 수업에 대한 개념보다는 편안하게 공부도 하고 놀고 갈 수도 있는 공간이죠. 그렇다 보니 안전사고에 대한 부분도 통합교실보다 높을 수 있다는 단점이 있습니다. 그리고 돌봄 교사, 돌봄 전담사는 특수학급 선생님이 아닙니다. 우리 마음이의 특성에 대하여 잘 모르는 경우가 많습니다. 신청 시 돌봄 선생님이 어떤 분인지도 확인하시고 교감하셔야 사고를 방지할 수 있습니다.

도늬는 입학과 동시에 방과 후 교실에 참여했습니다. 어떤 수업이 도늬에게 적합한지 판단하기 어려워서, 유치원 때부터 친하게 지낸 친구들이 참여하는 수업에 같이 신청을 하여 진행했고, 요리, 미술 등 생활 및 놀이 중심의 수업에 참여했어요. 하교 후 특수치료 수업 등을 병행하였기에 주 2회 정도만 방과 후 수업에 참여시켜 학교에 머무를 수 있는 시간을 늘려 학교 적응에 신경을 썼습니다.

학교에 머물러 적응을 늘려주자! 이게 핵심이었어요. 물론 쌍둥이 여동생 여니가 있었기에 조금 더 편하게 진행이 가능했지요. 동생과는 같은 반은 아니었지만, 방과 후 교실에서는 한 반에서 수업 한 후 같은 시간에 하교하여 집으로 돌아오는 패턴을 만들었습니다.

더불어 돌봄 교실도 1학년 1학기부터 신청해서 이용했지만, 이때는 작은 문제가 발생된 적이 있습니다. 돌봄 선생님께서 자폐성발달장애 아이를 맡아본 적이 없다는 이유로 아이의 돌봄 교실 입장을 거부하셨어요. 도늬의 학습 수준, 발달 정도, 친구들과의 의사소통 및 사회성 등 충분히 돌봄 교실에서 친구들과 어울릴 수 있다고 판단되어 신청했는데, 돌봄 교실 선생님께서는 장애진단이 있어서 함께 어울리기 어렵다고 판단하셨고, 다른 아이들의 안전사고를 걱정했습니다. 교감 선생님, 담임 선생님, 특수학습 선생님께 도늬의 상황을 말씀드렸으니 돌봄 교실 선생님도 이해하고 계실 것이라는 예상은 저희의 착각이었어요. 당시에는 매우 당황스러웠으나 돌봄 교실 선생님의 입장에서는 아무 정보가 없는 상황에서 준비 없이 도늬에 대해 아셨을 때 두려움과 우려의 마음이 들 수 있었겠다는 생각이 들었습니다.

돌봄 교실 선생님께도 도늬의 상황을 설명 드리며 같은 반 친구 중 돌봄 반을 신청한 친한 친구가 있어서 짝꿍을 맺어 남자아이들의 놀이 문화를 보고 배우게 하려 했던 의도를 말씀드렸고, 돌봄 선생님도 아이의 특성과 컨디션을 지켜보며 협의를 통해 진행하자는 피드백을 주셨습니다. 처음에는 짧은 시간을 머무르면서 돌봄 교실에서 친구들과 놀고 오게끔 하였고, 시간이 지나며 도늬도 선생님도 상호 적응하며 큰 사고 없이 1년 동안 돌봄 교실을 이용했습니다. 사실 돌봄 교실은 학습보다는 자유롭게 아이들끼리 노는 환경이 더 많습니다. 이러한 교내 안전함 속 친구들과의 교감을 늘리고자 하는 마음이네 가정에서는 돌봄 교실도 신청해보시는 것도 좋은 경험이 되실 것입니다.

물론, 특수학급 선생님, 돌봄 선생님과 상의를 하셔야 하고요. 도늬네가 그러한 과정을 생략한 채 진행하였다가 작은 문제가 발생되었지만, 여러분의 가정은 사전 협의를 통해 이러한 어려움을 최소화하여 우리 마음이가 학교에 머무를 수 있는 시간을 늘려주면서 학교와 친해지기를 바랍니다.

방과 후 프로그램, 돌봄 교실이라는 것은 맞벌이 부모에게 너무 좋은 제도이지만, 사실상 40분씩 4교시와 점심시간(때로는 5교시)까지 힘들게 적응한 우리 마음이에게 그 이상의 시간을 '담임 선생님'이나 '특수교사' 없이 학교에 있는 것은 1학년 시기에는 다소 힘들 수도 있다고 말씀드립니다.

장애로 등록이 되어 있는 마음이는 물론, 장애등록을 하지 않았지만 특수교육이 필요하다고 인정된 마음이라면, 특수교육청에서 초등학교 6년 동안 매달 '교육청 바우처' 혜택을 받게 됩니다. 그 혜택은 시, 도마다 차이가 있지만, 그 중에서 제공되는 '교육청 바우처' 역시 계속 바뀌고 있습니다. 예를 들면, '방과 후 바우처'라는 명칭만 들으면, 학교 내에서 '방과 후' 프로그램만 이용하는 것으로 알고 있기 때문에 이 부분에서 방과 후 수업 중에서 선택해야 하는가를 고민하시기도 합니다. 하지만 교육청 바우처는 사실상 센터에서 사용할 수 있기도 할 뿐만 아니라 '시, 도'마다 차이가 있지만 주변 학원에서 사용할 수도 있게 된 곳도 있습니다. 결국 학교 내의 프로그램 외에도 사용할 수 있는 것들이 많습니다. 맞벌이 부부라 하더라도 아이가 학교생활에 적응에 무리가 있다면, 다른 서비스를 이용해보는 것을 더 권합니다. 주민센터 및 교육청 특수교육지원센터를 통해 정보를 얻으실 수 있습니다. 아는 것이 힘입니다.

학교의 하루와 연간 스케줄이 궁금해요

학교 스케줄은 미리 알아두세요. 하루 시간표와 소풍, 야외 활동, 학예회 등 1년 스케줄의 한 수 앞을 내다봐야 합니다.

[초등학교의 하루]

초등학교 1학년의 하루가 궁금합니다. 3월은 4월부터 시작될 일정과 조금 다르게 시작을 합니다. 우리 마음이가 어린이집과 유치원을 다니면서 겨우 적응을 해냈던 경험은 있지만 학교의 하루 일과 적응은 여간 쉬운 일이 아닐 것입니다.

유치원과 학교와 다른 점을 이야기한다면 학교는 1학년부터 6학년까지 동일한 시간대의 일정으로 운영된다는 거죠. 유치원은 5세반~7세반까지 교육 프로그램과 시간을 담임 선생님의 재량에 따라 움직일 수 있지만 학교는 딱 정해진 시간대에 맞춰 고정된 스케줄로 운영됩니다. 장점을 찾자면 등교해서 하교할 때까지 정해진 시간표대로 일정이 정해지기 때문에 우리 마음이가 오늘 무슨 수업이 있고, 어떤 수업을 준비해야 하는지 부모님들도 미리 체크할 수가 있습니다.

하지만, 초등학교 1학년 생활 중 이러한 부분이 가장 어렵고 어색할 수 있습니다. 유치원과 어린이집은 언제든지 화장실이나 물을 마시러 움직일 수 있었지만, 초등학교에서는 수업시간과 쉬는 시간이 정해져 있기에 이동의 제약이 발생할 때면 간간이 트러블이 발생되기도 하죠.

그래서 초등학교 1학년 수업은 3월과 4월부터가 구분되어 운영됩니다. 초등학교 1학년의 과정은 크게 국어, 수학, 통합교과의 3가지로 나눠져 있습니다. 국어는 글자의 짜임과 낱말, 한글의 조합을 만드는 원리에 대한 기본을 바탕으로 읽고 쓰고 이해하고 표현하는 능력을 기를 수 있도록 구성됩니다. 수학은 100 이하의 수 범위 내에서 덧셈, 뺄셈과 길이와 높이 그리고 마지막으로 시계 보기에 대한 내용을 배우게 됩니다. 통합교과는 우리 부모님들이 초등학교 시절 배워서 익히 알고 있는 슬기로운 생활(사회, 과학), 바른 생활(도덕), 즐거운 생활(체육, 음악, 미술)의 주제를 묶어 월별로 나눠 구성한 교과입니다. 이는 교육부에서 2015년부터 적용하여 운영되고 있습니다.

다행히도 초등학교의 3월은 학교 적응이 필요한 시기이기에 바로 교과에 들어가지 않습니다. 학교생활의 첫걸음에 필요한 기본적인 내용들을 공부합니다. 3월에 먼저 적응하는 것은 학교 시설과 사물에 대한 이해입니다. 학교에 있는 시설물은 무엇이 있고, 교실에는 어떠한 공간이 있으며 안전하게 학교생활을 하기 위해서는 어떠한 규칙을 지켜야 하는지와 스스로 할 수 있는 일, 도움을 요청해야 되는 일을 구분하여 1학년 교실에서의 담임 선생님 지도하에 기준을 정하곤 합니다.

우리 마음이처럼 조금은 천천히 성장하는 친구가 소속된 반의 경우에는 담임 선생님이 우리 마음이의 컨디션을 파악하고 같은 반 친구들에게 협조와 배려를 통해 우리 마음이가 한 반의 구성원으로서 같이 생활하고 공부하며 친하게 지낼 수 있도록 안내합니다. 단체생활에서의 친구들과의 관계는 어떻게 맺어야 하는지를 배우게 되는 시간이죠. 또한 유치원에서 배웠던 학습들을 끌어와 수업시간에 연계하여 학습에 대한 부담을 덜어주는 교과 시간으로 운영합니다. 예를 들어 한글 낱자 익히기, 노래, 율동, 그림 그리기, 색칠하기, 종이접기 등 기초 활동과 학습 용구 사용 등 어린이집과 유치원에서 익히 경험했던 놀이와 학습을 3월 한 달 동안 학교에서도 진행합니다.

4월부터는 학교가 정한 시간표대로 하루 일과가 진행됩니다. 3월의 적응 시기가 지나면 벌써 20번의 학교의 등하교 길을 통해 우리 마음이들도 학교에 대하여 하나둘씩 적응의 시간을 갖게 될 것입니다. 학교마다 조금씩 상이하지만 학교의 하루 일과는 [부록 1]을 참고해주세요.

[초등학교의 연간 스케줄]

학교의 가장 큰 장점은 매일매일 우리 친구들이 배우는 곳이라는 것입니다. 단순히 국어, 수학 등 공부만 가르치는 곳이 아닙니다. 어른들이 생활하는 사회의 일부를 축소하여 어린이들의 사회생활을 함께 만들어가는 곳입니다. 그래서 학교에도 다양한 행사를 통해 사회 경험을 직간접적으로 하게 됩니다.

우리 마음이 부모님들은 학교를 떠나 다른 곳에 이동하는 것에 또 큰 걱정을 갖게 되죠. 누가 뭐라 해도 새로운 환경이 생길 것이고, 그곳에서 우리 아이가 어떻게 행동할지에 대한 근심이 앞서게 됩니다. 학교는 아이들에게 도움이 될 만한 행사나 대회 등을 교육과정에 근거하여 운영합니다. 모든 일정을 다 소화한다면 더할 나위 없이 좋겠지만, 마음이의 상황에 따라 다를 수 있기에 사전에 어떤 일정이 있는지 살펴야 합니다. 그에 따라 담임 선생님 및 특수학급 선생님과 마음이의 참여 방법 및 준비 사항 등을 미리 상의할 수 있어야 합니다.

연도별 학교 주요 행사 일정을 살펴보실 것을 권장드립니다. 연중 진행되는 야외학습, 운동회, 소풍, 학예회, 부모참여수업 등 굵직한 행사 일정은 미리 알아두셔야 해요. 3월부터 12월까지의 학교 운영 계획을 보시고, 마음이와 가정에서 준비할 것을 챙겨보세요. 일반적인 학교 연간 계획은 [부록 2]를 참고해주세요.

공식적인 학교 활동 참여 방법이 궁금해요!

학교운영위원회, 학부모회, 녹색어머니회에 참여는 어떠실까요?
시간이 허락된다면 주저하지 말고 다양하게 참여하세요!

초등학교 운영에 대하여 조금 더 관심이 있고, 우리 마음이를 한 번이라도 더 들여다보고 싶다면 학교 행사나 일정을 다른 가정보다는 좀 더알고 있어야 합니다. 그 중에 가장 좋은 방법이 학교 운영 참여입니다. 그래서 조금은 더 아이를 위한 손길이 분주해야 할 이유가 있습니다.

학교 운영 참여는 크게 학교운영위원회와 학부모회로 구분되며, 이 외에 학부모 봉사 단체, 급식 모니터링 요원, 학교폭력예방위원회 등도 운영되고 있습니다. 이 모두가 우리 부모님들이 참여할 수 있으며, 선임 방법은 학교 절차에 맞춰 진행되니 관심이 있으신 가정에서는 반드시 학기 초 안내되는 가정통신문을 살펴보기 바랍니다. 더불어 학교 운영 참여에 관심이 있다면, 담임 선생님께 사전에 참여 의사를 전하고 논의하시는 것도 방법입니다.

[학교운영위원회]

학교운영위원회는 학교예산집행 심의 및 결산, 학사 일정, 급식, 교과 과정 편성 및 운영, 학교 행사 운영 등 학교 행정에 대한 주요 내용을 심의·의결하는 조직입니다.

학교운영위원회는 교원 위원, 학부모 위원, 지역 위원으로 구성되며 그 비율도 정해져 있습니다. 이 중에 우리 마음이 부모님들은 학부모 위원 또는 지역 위원으로 참여할 수 있습니다. 지역 위원은 교사를 제외한 지역에서 학교 운영에 도움을 줄 수 있는 분들이 참여하시게 되는데 학부모이자 지역 구성원이기에 참여 가능합니다.

학교 입장에서는 학기 초 학교운영위원회 구성이 참 중요하고 민감합니다. 왜냐하면 앞서 말씀드렸듯이 학교의 예산, 급식, 교과 채택, 교사 공모까지 돈과 행정, 업체 선정 등의 여러 일을 심의하고 결정하는 데 반드시 필요한 기구이기 때문입니다.

보통 학교 행정 또는 교사 등 관련 경험이 있으신 부모님들의 경우 학교 행정과 절차에 대하여 잘 알고 있기에 의견을 주기도 하지만, 학교를 믿고 상식에 어긋나지 않는다면 동의하여 진행하는 경우가 많습니다.

만약 학부모운영위원회 구성원이 되신다면 정기적으로 학교의 중요한 일을 함께 논의하기 위한 자리가 마련되므로, 이때 보다 자연스럽게 우리 마음이와 관련된 행사, 예산, 계획 등을 제안하고 프로그램이나 시설 개선에 대한 의견을 제시할 수도 있습니다. 여기서 주의할 점은 마음이네 중심의 소외, 불편함, 시설 및 프로그램, 인적 관리 개선 등 불만만 성토하며 제시해서는 안 됩니다. 또한 학교 예산은 전년도 계획을 토대로 배정되기에 마음이 부모님들의 의견이 바로 현실적으로 반영되는 데 꽤 오랜 시간이 걸립니다. 그런 곳이 학교입니다. 그래서 조금은 여유를 두고 의견을 제안하고 결과를 받아야 합니다. 그리고 학교운영위원회는 심의기구이기 때문에 사전에 학부모회나 다른 의견 창구를 통해 충분히 수렴하여 학교 측에서 반영이 되어야 안건으로 상정이 되므로 즉각적인 결정 및 피드백은 어려울 수 있습니다.

참고로 학교운영위원이 되고 싶다면, 너무 학교와 거리를 두어서도 안 됩니다. 적당한 거리 조절을 통해 학기 초 가정통신문을 잘 살펴서 위원으로서 활동해볼 것을 권장드립니다. 그리고 한번 학교운영위원회에 참여하게 되면 통상적으로 큰 문제가 발생되지 않는 이상 계속 위원으로 참여하는 경우가 많으니, 우리 마음이들이 다니는 학교 운영에 대해 관심이 더 있다면 1학년 첫 위원 선임 시기를 잘 확인해보세요.

[학부모회]

학교운영위원회가 학교 내에서 쓰이는 예산, 교육과정 등 전체 운영에 대하여 학교와 함께 결정을 하는 학교공동체 조직기구인 반면, 학부모회는 학교와 협력하여 크고 작은 행사를 주관하고 학부모들의 참여를 독려하여 아이들이 함께할 수 있는 활동을 계획하고 운영하는 모임입니다. 보이는 것으로만 설명드리면 학부모들로만 이루어진 어머니회라고 보는 게 맞습니다.

학부모회도 물론 학교에서 선임하고 위촉장을 부여합니다. 다만, 그 역할에 대하여는 학교의 역할보다 학부모님들의 의견을 취합하고 수렴하여 학교에 요구사항이나 개선점, 잘하고 있는 사항에 대한 추가 제언 등을 할 수 있는 것이 특징입니다.

학부모회의 구성은 학년 임원진과 봉사단체 대표들로 주로 구성이 됩니다. 학교마다 조금씩 차이는 있지만, 각 반의 회장(반장) 학부모가 하는 경우가 많고, 전 학년에 걸쳐 20명 이내로 구성이 됩니다.

학교에서는 녹색어머니회, 어머니폴리스, 도서관 사서 도우미, 명예교사, 급식 모니터링 요원 등 소수 학부모의 자발적인 참여가 필요한 역할이 있는데요. 요즘은 많은 학부모님들이 참여하려 하지 않아 곤란할 때가 많습니다. 그래서 보통 학부모 봉사단체인 학부모회에 소속된 학부모님께 주로 참여를 부탁하게 됩니다. 따라서 학부모회를 하시면 자연스럽게 마음이의 학교생활도 들여다볼 수 있는 정보 및 기회도 얻고 학교에도 협조적인 학부모로 자리매김하며 학교와의 긍정적인 관계를 만들어 나갈 수 있습니다.

학부모와 학교의 관계가 좋을수록 우리 마음이의 학교생활에 도움이 되지 않을까요?

Tip ···

학부모 참여가 필요한 역할 중 추천드리는 것은 학부모 급식 모니터링입니다. 급식 재료, 준비 과정, 조리 과정과 배식 그리고 급식의 맛과 품질, 설거지까지 전체의 과정을 확인할 수 있으며, 우리 아이가 급식실에서 어떻게 밥을 먹고 어떤 행동을 하는지를 볼 수 있기 때문입니다. 학부모회가 아니어도 학기 초 담임 교사 또는 영양사님에게 신청 가능하니 시간이 되신다면 참여해보세요.

저는 유치원 교사 근무를 통해 학교의 운영 시스템을 어느 정도는 경험한 학부모였죠. 우리 도느가 초등학교 1학년 입학 후 가장 먼저 준비한 것이 학부모회 신청이었습니다.

3월초 학급에서 진행되는 학부모 총회에서 학급 대표 어머니에 자진해서 신청하여 1학년 대표 어머니까지 위촉 받았습니다. 그렇다고 엄청 활발하게 학교에 민원을 제기하고 개선을 요구하는 그런 대표는 아니었습니다. 1년을 무사히 잘 마무리하였고, 2학년 때에는 학부모회 전체 부회장으로 위촉을 받았습니다. 앞서 말씀드린 대로 큰 문제없으면 그대로 연임이 가능한 학교 운영 기준에 부합된 사례였습니다. 이후 학교 선생님들과도 교감을 하면서 자연스럽게 급식 모니터링 요원, 학교물품구매 관리위원에도 선임되었고, 지금은 다른 초등학교에서 근무를 하면서 아이를 키우는 입장이지만, 학교운영위원회 지역 위원과 학교폭력위원회 학부모 위원으로도 활동하면서 학교 소식을 조금은 발 빠르게 확인하고 있습니다.

학부모회를 하면서 나리반(특수학급) 어머님으로부터 의견을 받았습니다. 기존 재학 중인 선배 마음이 부모님과 처음 입학하여 특수학급에 온 마음이의 케어를 기대하는 후배 마음이 부모님들의 입장 차이가 있었거든요. 인력 부족, 시설 개선 관리, 집중 학습에 대한 요청 등이 주요 이

슈였습니다. 이러한 의견이 결국엔 나리반 선생님과 교감, 교장 선생님께도 전달되었고, 일부는 협의를 통해 개선할 수 있었습니다. 모든 마음이네 가정이 학부모회 임원이나 위원이 되어야 하는 건 아니지만, 마음이네 가족 중 한두 분은 학교 임원이나 위원으로서 학교와 긍정적인 관계를 맺어 의견을 제안하고 대변해주는 역할을 해주시는 것이 더 많은 마음이들을 위해 필요하다고 생각합니다. 만약 선배 학년 마음이네 가족 중 활동하시는 분이 계시다면, 그분을 통해 의견을 전달 드리는 것도 우리 마음이를 위함이니 직장 등 개인 사정으로 참여가 어렵다면 활동 중인 학부모님들과 반드시 소통을 하시는 것을 추천드립니다.

유치원에 없지만 학교에 있는 것은?

유치원에는 없는 시설, 장소와 보안관님에 대해 알아보아요.

초등학교 입학 후 학교를 구석구석 들여다보고 싶은 것이 우리 마음이 부모님들의 마음입니다. 물론, 학교 병설유치원을 다녔던 가정이라면 직간접적으로 학교를 살펴봤겠지만 그렇지 않은 가정은 학교의 모든 게 어색할 겁니다. 따라서 우리 마음이에게도 적응 시간에 보다 더 많이 여유를 주셔야 합니다.

그럼 학교에 있는 것은 무엇이고 없는 것은 무엇일까요? 우리 마음이가 느끼는 초등학교의 기준은 무엇일까요? 국공립, 사립초등학교 및 특수학교마다 차이는 있지만, 보편적인 학교에 대해 소개해드리겠습니다.

먼저 학교를 가면 가장 먼저 교문 앞에서 마음이와 학생들을 맞이해주시는 분이 계십니다. 바로 학교 보안관님입니다. 학교 보안관은 초등학교에서 학생들의 안전을 지키고 보안을 담당하십니다. 교문을 통과하여 학교로 입장하는 친구들에게 보안관님은 때로는 무서운 선생님이 되시기도 하고, 때로는 다정다감한 할아버지 또는 큰 삼촌의 역할을 해주십니다. 마음이가 학교를 입장할 때 보안관님의 격려 한마디가 사실 하루를 결정지어주곤 합니다.

"우리 마음이 오늘도 씩씩하게 잘 왔네. 오늘 선생님 말씀 잘 듣고 파이팅 하자!"

이런 응원 메시지를 받은 마음이는 수많은 아이들 앞에서 받은 격려 및 응원에 어제보다 더 늠름하게 하루를 시작할 수 있습니다. 이러한 내용은 부모님들이 충분히 교감하실 수 있으시고, 많은 경험을 통해 보안관님도 그 마음을 알고 응원하시며 마음이를 더 살펴주십니다. 따라서 우리 마음이에게 소리 내어 씩씩하게 보안관님께 인사드리기를 꼭 강조해주시기 바랍니다.

다음은 교실로 이동하는 계단과 복도를 지나 1학년 교실로 이동하게 됩니다. 1층에는 보통 돌봄 교실이 있습니다. 맞벌이 가정 및 사정상 일찍 등교하는 친구들이 잠시 머물다가 교실로 이동합니다.

학교에는 교무실, 행정실, 보건실, 도서관, 상담실, 급식실, 화장실이 있습니다. 유치원에는 없던 보건실, 행정실, 상담실, 급식실이 생소하지만, 사실 1학년 아이들이 급식실 이외에는 자주 갈 일이 없습니다. 간혹 컨디션이 안 좋아 수업 참여가 어려울 땐 보건실이나 상담실에 가서 휴식을 취하면서 우리 마음이의 정서를 달래주곤 하지만 그 또한 처음이라 어색하긴 마찬가지죠.

마음이 부모님들이 간혹 찾아가는 곳은 아마도 교무실과 교장실일 겁니다. 좋은 일로 방문할 수 있지만 대다수는 학교에 대한 제안, 건의, 협조 등을 위해 약속을 잡아 방문하는 곳이죠. 만약 교무실과 교장실을 방문할 일이 생긴다면, 반드시 담임 선생님, 특수학급 선생님께도 의견을 전하고 방문을 해주면 추후 1년 동안 함께 우리 마음이를 가르쳐주는 선생님들과 소통에 도움이 될 수 있습니다. 절대로, 우리 아이를 담당하는 선생님들을 건너뛰고 소통 없이 교감, 교장실을 방문하지 마세요.

무슨 말씀인지 아시죠?

이제, 1학년 교실에 들어가면 눈에 띄는 가구가 두 개 있습니다. 책상, 의자, 선생님 교탁, TV등 익숙한 것 외에 생소한 것이 두 개의 가구입니다. 먼저, 사물함이 있습니다. 이름표로 담임 선생님이 예쁘게 준비해줍니다. 사물함에는 교과서와 파일철 그리고 준비물 등을 보관하고 비상시 필요한 우산이나 겉옷 등을 놓고 다니는 경우도 많이 있습니다.

아이들이 분명히 챙겨간 준비물이나 학용품을 잃어버리고 오는 경우가 많다면 물론 옆 친구가 착각해서 실수로 가져가는 경우도 있겠지만, 대다수 교실 안 어딘가에 있을 겁니다. 가장 유력한 곳이 책상 서랍이나 사물함입니다. 혹시 우리 마음이가 무언가를 빠뜨렸는데 모르겠다고 하면, 꼭 사물함을 잘 살펴보라고 해주세요.

학교마다 차이가 있지만, 1학년 교실에 공간적 여유가 있다면 소파가 설치되어 있습니다. 유치원이나 어린이집은 사실 교실 안에서 얼마든지 누워서 뒹굴며 놀 수 있는 환경이지만, 학교에서의 바닥은 더 이상 누워서 쉬거나 놀 수 있는 공간이 아닙니다. 아직은 눕는 것이 필요한 친구들도 있는 1학년 그리고 우리 마음이들에게 이러한 소파 공간은 참으로 필요한 휴식 공간입니다.

그렇다고 마냥 여기서 누워 있을 수는 없겠죠. 쉬는 시간에 중간중간 편하게 걸터앉아 도란도란 친구들과 이야기를 하거나, 우리 마음이가 잠시 눕고 싶을 때 한두 번쯤 담임 선생님 관리하에 적당히 활용할 수 있을 겁니다.

그리고 교실엔 휴지통이 있습니다. 당연한 것 같지만 분리수거에 대해 알려주어야 합니다. 일반쓰레기와 재활용품을 구별하여 버리는 규칙이 있고, 하교 후에 친구들과 교실 내 쓰레기를 분리수거하는 역할을 해야 할 수도 있으니까요.

마지막으로 모든 1학년 친구들이 가장 좋아하는 급식실입니다. 담임 선생님의 지도 관리하에 점심시간에 줄을 서서 급식실로 이동하여 차례로 식판에 식사를 배급 받아 먹습니다. 개인 수저와 물통, 물컵 사용 여부는 학교마다 차이가 있습니다. 질서와 순서는 여기서 배우는 것이 가장 확실합니다. 우리 반 친구들 외에 다른 반, 다른 학년 선배들의 행동을 간접적으로 보고 배우는 모방 학습이 가장 잘되는 곳이기도 하죠. 그리고 오전 내내 허기졌다가 점심을 먹는 1학년 우리 마음이 기분 좋게 입장하는 모습을 상상해보세요. 얼마나 좋겠어요? 그런데 잠깐! 급식실 선생님들께 아주 예의바르게 인사하는 방법을 지도하는 것은 기본이라는 거 아시죠?

2장

마음이 부모님을 위한 가장 쉬운 초등교육 설명서

초등 교육에 대한 이론 vs 현실

특수교육대상자의 초등학교 선택하기 Tip!

특수학교, 국공립학교, 공립학교, 사립학교, 대안학교의 학교별 특성 비교하여 알아보기

이번엔 잠시 학교 준비하는 일정으로 돌아가보겠습니다. 여러분 가정의 마음이는 학교 준비를 어떻게 하고 있을까요? 부족함이 없다면 너무도 행복하고, 고민할 이유 없이 초등학교 준비를 차근히 진행하면 되겠습니다만 장애진단을 받았거나 경계성에 있는 우리 마음이 가족은 특수교육대상자 선정과 초등학교 선택으로 입학 직전 연도 내내 고민하실 수밖에 없습니다.

먼저 특수교육과 특수교육대상자에 대하여 살펴보겠습니다.

특수교육이란? 특수교육 대상 학생의 개별적 특성에 따른 특수한 교육적 요구에 맞춘 가장 알맞은 교육 내용과 교육적 지원을 말합니다. 학생의 성장 가능성을 최대한 신장시키는 데 그 목표를 두고 궁극적으로는 스스로 학교생활을 잘할 수 있도록 기본을 다지는 데 그 목적이 있습니다.

특수교육대상자는 특수교육이 필요하다고 교육청으로부터 선정된 학생을 말합니다. 우리 마음이가 포함될 수도 있겠죠. 특수교육대상자는 장애 여부와 별도로 선정이 됩니다. 그 기준은 학년별 교과과정에 대한 학습수행 능력의 정도에 따라 선정을 하게 됩니다. 그렇다면, 특수교육대상자 혹은 경계성으로서 조금은 느리게 성장하는 우리 마음이는 어떤 초등학교에서 어떤 방식의 교육이 필요할까요?

우리 마음이가 입학할 수 있는 초등학교 영역은 국내에서는 다음과 같이 구분됩니다. 만약 마음이네 가정에서 초등학교 입학 전 별도로 원서를 작성하지 않거나 지원을 하지 않는다면 마음이네 집 주소지가 포함된 학구도 내의 학교로 배정될 겁니다.

그럼, 우리 마음이가 입학할 수 있는 학교에 대하여 살펴볼까요?

[특수학교]

특수학교는 특수교육대상자로 선정된 우리 마음이가 별도 신청을 통해 다닐 수 있는 학교입니다. 마음이의 발달 특성에 따른 교육과정이 운영되며, 즉 마음이의 발달 정도의 차이에 따라 교과 내용을 선정하여 운영하기도 합니다. 특수학교 입학을 위해선 특수교육대상자 선정을 받은 후 특수학교 배치 신청서를 제출해야 합니다. 이때 거주지와 가까운 곳의 특수학교를 확인하고 진행합니다.

그러나 현실적으로 특수학교의 수와 정원 인원이 턱없이 부족합니다. 그리고 입학 기준도 학교 특성에 따라 가지각색입니다.

먼저 통학 차량 유무와 우리 집까지의 거리를 충분히 고려하셔야 합니다. 예를 들어 먼 거리로 통학을 하게 될 경우 마음이가 차량 탑승에 부담이 없다면 아침 등굣길이 즐거운 여행이 될 수 있겠지만, 그 반대라면 학교에 대한 마음이의 부담감은 더 커져 학교 적응에 부정적 영향을 미칠 수도 있겠지요. 다음으로 반드시 관할 특수교육지원센터에 특수학교의 정원과 배치 기준 등을 꼼꼼히 살펴야 합니다. 특수학교마다 다르게 운영되기 때문입니다.

특수학교의 장점은 우리 마음이를 좀 더 집중하여 케어해주면서 교육을 해줍니다. 반면, 거주지와 멀다면 동네 친구 형성이 어려울 수 있으며 비장애 친구들과의 생활 속 교감 경험이 부족할 수 있습니다. 그렇기 때문에 교육과 학교 등교에 대한 목표를 어디에 기준을 둘지 판단해보는 것이 중요합니다.

[국립초등학교]

　국가가 설립하여 경영하는 학교 또는 국립대학 법인이 부설로 운영하는 학교를 말합니다. 사실 국립초등학교에 대하여 모르는 부모님들이 많으십니다. 이곳은 공립초등학교보다 조금 더 질 높은 교육을 제공해준다는 장점이 있습니다. 예체능뿐만 아니라 새롭게 시도하는 교육 프로그램이 학생들에게 제공됩니다.

　국립초등학교는 11월경 해당 학교로 입학 지원을 하면, 추첨을 통해 학생을 선발합니다. 학교마다 차이는 있지만 특수학급이 운영되고 있습니다. 그래서 많은 가정에서 입학을 희망하고 경쟁률도 높습니다. 그리고 당연히 교육 비용 부담은 없지만, 그 외 정해진 교복, 체육복 등의 구입이 필요할 수 있습니다. 더 고려해야 할 점은 거주지와 거리가 멀다면 동네 친구 형성은 조금 어려울 수 있다는 겁니다.

[공립초등학교]

　우리 부모님들이 가장 잘 알고 있는 지방자치단체가 설립하고 운영하는 학교를 말합니다. 학구도에 근거하여 거주지 기준으로 입학 연령대가 되면 자동으로 초등학교를 배정 받습니다. 이렇게 받는 모든 학교가 공립초등학교입니다.

　우리나라에 상대적으로 초등학교가 중학교, 고등학교의 수보다 많습니다. 이는 거주지에서 도보로 이동할 수 있는 통학거리 내에 초등학교를 설립하려는 취지가 반영되어 있습니다. 거주지 기준 자동 배정되기에 학교를 선택할 수 없고, 만약 학교를 선택하고 싶다면 거주지 이전을 고민해야 합니다. 당연히 공립초등학교는 무상교육으로 운영되며, 방과 후 활동 등 특별 활동 비용은 자부담해야 합니다.

그런데 오래전에 설립된 학교의 경우 시설적으로 특수학급 설치 기준을 충족하지 못하여 없는 경우가 종종 있습니다. 장애의 유형이 다양하기에 화장실, 휠체어 이동 경로 등 시설적으로 충족해야 하는 시설 기준이 있기 때문입니다. 따라서 우리 집에서 가장 가까운 학교에 특수학급 여부와 입학 정원 인원이 몇 명인지는 꼭 확인해주서야 합니다. 만약, 특수학급대상자 중 집에서 가장 가까운 곳에 특수학급이 없다면 특수교육지원센터를 통해 입학이 가능한 공립학교를 확인하셔야 합니다. 학교 입학 준비 시 가장 중요한 대목입니다.

[사립초등학교]

법인이나 개인이 설립하여 운영하는 학교를 말합니다. 공립초등학교에 다니는 학생과 사립초등학교에 다니는 학생들의 가장 다른 점은 사립학교를 상징하는 교복을 입고 다니는 것이라고 볼 수 있습니다. 공립초등학교와 차별화된 교육을 시행하는 것이 특징입니다. 그 교육은 예체능, 외국어, 특성화과목, 종교 등 다양합니다.

안타깝게도 사립초등학교는 특수학급 설치가 턱없이 부족합니다. 이유는 대부분의 학교 개교 시점이 특수학급에 대한 개념이 정립되기 이전이기 때문에 특수학급 추가 설치에 대한 의무가 없습니다. 따라서 시설 변경 등의 예산을 감수하고 특수학급을 신설하는 경우는 거의 없습니다. 게다가 학교 운영을 통한 수익도 고려해야 하기 때문에 사립초등학교의 특수교육은 조금은 멀리 느껴지는 게 사실입니다.

우리 마음이가 특별한 재능(서번트 : savant)이 있고, 그 재능을 조금 더 키워주는 특성화 교육을 하는 학교라면 충분히 고려할 수도 있을 것입니다. 다만, 거주지와의 거리와 지원서 제출 후 추첨을 통해 진행된다는 점과 입학금, 교육비, 정해진 교복, 체육복 등의 비용 부담에 대한 것은 우리 마음이 부모님들의 몫입니다.

마지막으로 기본적으로 인성교육을 바탕으로 교육을 하지만 학업적인 부분에서 심화 또는 선행을 목적으로 교과과정이 운영되기도 합니다. 그래서 마음이와 같이 천천히 성장하는 특수교육대상자에 대한 이해와 교육철학이 있는지 반드시 살펴야 합니다.

사립초등학교 입학을 진심으로 원하는데 추첨에서 떨어졌다면, 3월 이후 전학을 통해 입학하는 방법도 있습니다.

[대안학교]

공교육에 비해 더욱 개인 특성에 맞는 교육을 희망하는 학생들이 입학하는 학교입니다. 기존 공교육 제도의 한계와 경쟁, 권위적 시스템 개선을 위해 만들어졌으며, 쉽게 말하면 자연친화적, 다양성을 존중하여 자유로운 교육을 추구합니다.

대안학교는 인가, 비인가로 구분됩니다. 교육청 인가를 받는 곳만 학력 인정을 받을 수 있습니다. 친환경적 사고, 생태학교형, 종교학교형, 재적응 학교형 등 학교 설립 기준에 따라 교육 방식이 다양합니다. 부모님들 간 참여형으로 운영되는 형태도 있고, 최근 들어 우리 마음이를 위한 교육 환경, 공간을 만들어가는 사회적 단체, 조합 등이 만들어지고 있습니다. 특수학급이 설치된 대안학교도 운영되고 있지만, 아쉽게도 설치되지 않은 학교 비중이 더 높습니다.

따라서 입학 전 교육 철학 및 방식에 대한 충분한 상담이 필요하며, 학부모 자부담으로 운영되기에 학비 부담을 갖고 가야 합니다.

도늬는 초등학교 입학할 때 공립초등학교를 기준으로 정했습니다. 학교 선택에 있어서 비장애 친구들과 자연스러운 어울림을 통한 사회 적응력 향상을 가장 큰 목표로 두었습니다. 사립학교 병설유치원에서 완전통합으로 유치원을 다녔지만, 사립초등학교는 솔직히 자신이 없었습니다.

도늬는 36개월에 장애진단을 받았기에 일찌감치 특수교육대상자로 신청을 하여 대상자로 선정을 받았습니다. 그런데, 아뿔싸! 거주지 학구도에 따른 초등학교에는 특수학급이 없었습니다. 통합교육을 준비하였지만, 적응 실패를 고려하지 않을 수 없었기에 특수학급이 있는 학교를 찾아 입학 전년도 7월에 이사를 하였습니다. 그곳이 지금도 도늬가 다니고 있는 서울연은초등학교입니다.

특수학교, 사립학교, 대안학교 등 다양하게 고민하였지만, 아이의 컨디션과 가정생활, 교우관계 등을 고려하여 특수학급이 설치된 공립초등학교로 입학을 결정하였습니다. 공립학교 외에는 아이 통학 이동 거리에 따른 시간 및 비용의 부담을 극복하는 게 쉽지 않았습니다. 우리 마음이네 가정 모두 비슷한 고민을 할 것입니다. 잘 고려하셔서 준비하시기 바랍니다.

아무도 초등학교 선택을 대신 해주지 못하지만, 아이에게 잘 맞는 곳을 선택하기 위해 고민하는 것은 '함께'할 수 있습니다.

각 학교를 선택하는 데 있어서 어느 학교가 더 좋을까, 장점을 보시기보다는 그 학교가 가지는 단점을 우리 아이와 우리 가정이 함께 극복할 수 있을까를 고려하시어 결정하시라고 말씀드립니다. 사례로 공립초등학교에서 적응이 안 되어 특수학교로 전학한 마음이네가 특수학교의 환경에 너무 만족하여 센터 수업 때마다 학교에 대한 극찬을 한 경우도 있었습니다. 그 이후 특수학교에 대한 신청 대기가 늘어났다고 했습니다. 학교 부적응의 사유는 화장실 실수와 상동행동의 문제로 인한 친구들과의 마찰이었고, 특수학교에서는 이러한 문제점을 수정해줄 수 있었기에 편안하게 학교를 다니고 있는 모습으로 우리 마음이의 학교생활의 목표와 기준을 잘 세워야 가정도 흔들림 없이 학교를 보낼 수 있을 것입니다. 자칫 특수학교를 권하는 것 같아 보이지만, 정답은 아닙니다.

혹시나 언어 표현은 더디지만 모방 능력이 뛰어난 마음이라면 일반학교에서 아이들과 먼저 어울려 보는 것을 추천하고, 상동행동이나 문제행동이 다소 걱정되거나 일대일 교육에서 득이 많은 경우라면 특수학교를 추천합니다.

특수교육대상자 반드시 신청해야 할까요?

특수교육대상자 신청하면 좋은 점이 더 많아요.

우리 마음이가 발달 정도가 느린 것에 대하여 어떤 진단을 받았나요? 아니면, 아직 진단 여부에 두려움이 있어 사설 발달센터를 다니면서 특수교육과 치료를 진행 중인가요? 사실 초등학교 입학 전까지 우리 마음이의 늦음을 인정하지 않으려는 가정도 있습니다. 또는 늦음은 인정하나 진단을 받지 않고, 진단을 받았더라도 장애등록을 미뤄두는 경우도 많이 있습니다. 무엇을 선택하셨든 그것은 우리 부모님들이 신중히 판단한 결정이기에 별도로 언급은 안 하겠습니다. 우리 가정의 자녀 관계, 조부모님들의 시선, 엄마 아빠의 관점 차이, 부부가 서로 살아온 환경과 이해관계 등이 너무도 다양하기 때문이라고 생각합니다.

초등학교 입학 후 통합교육 전면 시행을 통해 조금은 뒤처져서 따라가더라도 비장애 친구들과 함께 생활하는 데 더 큰 목표를 부여한다면 상황은 다르지만, 그래도 마음이가 학교에서 누군가의 손길, 조금 더 안정된 교육적 지원을 위한 특수교육이 필요합니다. 그러려면 먼저 특수교육대상자로 선정을 받아야 합니다. 물론 신청을 한다고 다 특수교육대상자로 선정이 되는 건 아닙니다. 특수교육대상자 선정의 가장 큰 기준은 '학년에 따른 학업을 수행할 수 있는가?'이기 때문입니다. 따라서 경계성 지능 이상의 평가 및 진단을 받은 경우 등은 심사에서 탈락이 될 수도 있습니다. 이 점 유의해서 특수교육지원센터에 상담을 해보시기 바랍니다.

그렇다면, 특수교육대상자로 선정이 되면, 우리 마음이에게 어떤 교육이 제공되는지 살펴보겠습니다. 우선, 우리 마음이의 특별한 상황을 이해하고 충족시키기 위해 보다 개별화된 교육 목표를 설정하여 맞춤형 교수법을 실시함으로써 수준별로 체계적인 수업을 제공받을 수 있습니다. 또한 관련 서비스를 받을 수 있는데요, 먼저 가정 소득에 상관없이 받을 수 있는 혜택은 우유 급식과 등하교 알리미 단말기 제공이 있습니다. 그리고 소득에 따른 무료 혜택을 받을 수 있는 항목은 장애아동수당, 체험학습비, 교육 급여, 바우처 카드(방과 후 수업, 치료비)를 지원받을 수 있습니다. 무료 혜택은 지역마다 조금씩 다르니 교육청 특수교육지원센터 또는 주민센터를 통해 문의해보시기 바랍니다.

우리 마음이를 키우시면서 가장 부담되는 것 중에 하나가 바로 비용입니다. 특수교육대상자의 혜택 중 하나인 치료비 지원은 치료 지원을 제공할 수 있는 기관으로 등록된 기관을 통해 심리, 언어, 미술, 음악, 놀이치료 등을 진행하면 일정 비용을 지원받을 수 있는 서비스입니다. 교육청과 치료기관 간의 계약 등이 필요할 수 있으며, 지원 금액은 지역별로 다르지만 월 20만 원 이내입니다. 지원 금액은 바우처 카드를 통해 제공되며 이월이 되지 않기 때문에 원칙상 매월 교육 서비스를 통해 소진을 해야 합니다. 이때, 발달재활서비스를 이용하는 대상자는 중복 영역 이용이 불가하기 때문에 센터나 기관에 수업 내용을 확인하여 다른 영역을 선택하여 이용해야 합니다.

마지막으로 보조 인력지원 서비스를 이용하실 수 있습니다. 특수교육 실무사라고 표현하며, 학교 적응에 부족한 우리 마음이를 지원해주는 서비스입니다. 통합 반에서는 담임 교사와 협업하고 특수학급에서는 특수학급 선생님과 협업을 통해 마음이의 학습, 화장실 및 급식실 이용, 더불어 등하교 도움까지 전반적인 학교 적응을 위한 지원을 담당합니다. 학교마다 특수교육 실무사 배치 외에도 장애학생 지원 사회복무요원이 배치될 수도 있습니다. 실제로 장애학생지원 사회복무요원의 경우 건장한 남자 청년들이기 때문에 상대적으로 아이들의 신변 처리 및 행동관리에 더 도움이 되기도 합니다. 우리 마음이가 입학할 학교에 사회복무요원 배치 여부도 사전에 확인을 해보는 것도 중요하고, 특수학급 내 교사와 학생 수의 정원 비율을 확인하여 상황에 맞게 배치를 요청하시는 것도 우리 아이의 학교 적응에 중요한 포인트가 될 것입니다.

이외에도 [장애인등에 대한특수교육법시행령 제27조/통학지원] 등에 기준하여 대중교통을 이용해서 학교에 통학하는 대상자에게는 월 50만 원 이내에서 보호자를 포함하여 교통비를 지원하는 서비스도 있으니, 매년 변경되는 지원 서비스를 잘 살펴야 합니다. 이 모든 사항은 우선 특수교육지원센터와 지역 주민센터 그리고 학교 특수학급 선생님께 수시로 확인하면 학교 적응에 도움을 받을 수 있습니다.

도늬는 자폐성발달장애 장애진단을 받은 후 바로 특수교육대상자를 신청하여 선정을 받았습니다. 만 38개월 시점에 특수교육지원청에 문의 후 일정을 안내받고 아이와 함께 방문하여 검사를 받았습니다. 일종의 심사 절차를 따른 거죠. 검사 후 약 한 달 만에 문자와 우편물을 통해 대상자로 선정되었음을 통보받았고, 굳센카드를 발급받았습니다. 또한 주민센터에 방문해서 발달재활서비스와 관련된 바우처 카드를 발급받았습니다. 이를 통해 센터에서 치료 수업료 지원을 받았습니다. 도늬가 다니는 학교에는 장애학생지원 사회복무요원이 배치되어 특수학급(나리반) 친구들의 학교 적응을 도와주었습니다.

사실 도늬가 사회복무요원의 도움을 크게 받았던 것은 서울시립은평병원 낮병원에서 특수치료 수업을 받던 시절이었습니다. 치료사 선생님들과 사회복지사 등 병원 선생님들과 케미가 좋은 사회복무요원 삼촌이 소통이 부족했던 도늬를 지극정성으로 달래주고 챙겨주면서 치료 수업 참여를 도와주었습니다. 이때 머리 박기, 울기, 엘리베이터 집착 등 탠트럼이 많았던 시절이었습니다. 때로는 삼촌처럼, 형처럼 아이를 이끌어줬던 사회복무요원과 이를 관리하는 치료사 선생님들 덕분에 좋은 성장을 보였던 시기였습니다.

특수교육대상자 선정은 '강력 추천'합니다. 장애등록에 관해서는 감히 '강력' 추천하지 못하지만, 특수교육대상자 선정을 권하는 데 있어서는 학부모님들께 긍정적으로 권하는 입장입니다. 두 가지 이유가 있는데, 경제적인 측면과 교육적인 측면에서입니다. 특수교육대상자는 '원한다고' 해서 무조건 선정이 되는 것은 아니지만, 선정이 된다면, 초등학교 시절 '특수교육청'에서 제공되는 혜택을 지속적으로 받게 되며, 여러 가지 치료 중 한 가지를 선택할 수 있는 시스템입니다. 더불어 관할 특수교육청 담당 선생님의 방문수업이 가능한 곳도 있습니다. 우리 아이가 '특수교육대상자'로 선정된다면, 아이들이 '특수반' 혹은 '도움반' 소속인 것이 알려지는 것이 아닌지를 가장 걱정하시지만, 입학 전에 밝히고 싶지 않다고 학교 측에 이야기하여 보안을 요청할 수 있습니다. 단, 학교마다 차이가 있고, 도움반 수업을 받지 않고 완전 통합수업을 하는 경우에만 가능하니 참고 바랍니다.

3

특수교육대상자 신청 방법을 알고 싶어요

특수교육대상자 선정 방법, 그닥 어렵지 않아요.
몰라서 못 하는 일은 없어야겠죠?

이번에는 특수교육대상자 선정 방법에 대하여 안내해드릴게요. 신청 방법은 두 가지로 구분되는데요, 어린이집, 유치원, 학교 등 교육기관에 소속된 마음이는 기관에 신청을 할 수 있고, 아니면 보호자가 특수교육지원센터에 신청하는 것도 가능합니다. 특수교육지원센터는 우리 마음이가 성장하면서 계속 연락을 취해야 하는 곳입니다. 이곳은 특수교육대상자들의 교육을 지원하고, 진단과 평가를 하는 곳입니다. 주요 업무는 특수교육대상자의 조기 발견, 진단 및 평가, 정보관리, 교사 및 지도자연수 및 교수, 학습활동 지원 및 순회 교육 등이 있습니다.

　대상자 선정 시기는 구체적으로 정해져 있지 않지만, 초등학교에서 특수교육을 받으려면 입학 전년도 8월 이전에는 신청을 하여 심사 등의 절차를 밟아야 합니다. 반드시 장애진단을 받아야 하는 것은 아닙니다. 최근에는 경계성에 있는 마음이도 특수교육지원센터로부터 특수치료 교육 지원을 받을 수 있으니, 우리 아이가 조금 발달이 느리고 성장에 교육지원이 필요하다면 꼭 상담을 사전에 받아보시길 권장드립니다.

장애등록과 특수교육대상자 신청은 뭐가 다른가요?

장애등록을 반드시 해야 하는 건 아니에요.

하지만, 특수교육대상자 신청은 필요합니다.

우리 아이가 느리다고 모두가 진단을 받는 것도 아니고, 진단을 받았다고 장애등록을 하는 것은 아니라고 앞서 말씀드렸습니다. 하지만 특수교육을 받으려면 특수교육운영회의 심사를 거쳐 특수교육대상자로 선정이 되어야 초등학교 입학 후 학교 적응에 필요한 혜택과 도움을 받을 수 있습니다. 장애등록을 한다고 해서 자동으로 특수교육대상자로 선정이 되는 것은 아닙니다. 정확히 말하자면, 장애인은 보건복지부 관리하에 지원 등이 시행되고, 특수교육대상자는 교육청의 관리하에 특수교육지원 서비스를 받을 수 있습니다.

초등학교에 입학을 하면 발달지체 등으로 또래에 비해 발달이 늦어서 특수학급에서 수업을 받는 마음이를 볼 수가 있습니다. 이는 국가에서 아직 나이가 어려 특정 장애진단을 부여하는 것이 적정하지 않을 때, 학교 적응과 학습 발달 지원의 특수교육 서비스를 제공하고 있기 때문입니다. 이러한 경우에는 초등학교 3학년 이후에 다시 한 번 검사와 진단을 통해 장애 및 특수교육대상자로서의 자격 여부를 확인합니다. 특수교육과 관련한 비슷한 용어들이 계속 나오는데, 헷갈리시죠? [장애인 등에 대한 특수교육법]에서 정의한 용어를 보시면 조금 이해가 되실 수 있습니다. 법령에서 근거한 내용을 정리된 내용은 [부록 3]을 참고하시기 바랍니다.

통합교육에 대한 이해가 필요해요

학교에서 진행되는 통합교육은
완전통합과 부분통합으로 구분되어 운영되고 있습니다.

우리 가정의 마음이는 초등학교 입학과 목표를 어떻게 계획하고 계신가요? 이번 챕터는 조금 더 사실적으로 표현해보겠습니다. 우리 마음이의 발달 정도는 우리 부모님들이 가장 잘 알고 계십니다. 이 정도로는 초등학교에 갈 수 있을 것이고, 어떤 도움을 받아야 착석을 통해 학습과 교육을 받고 차례를 지키며 급식을 먹고 하루를 잘 보내고 다시 가정의 품의로 돌아올 수 있을 것이라는 걸요. 그래서 초등학교 입학의 궁극적인 목표는 또래 친구들과 상호 작용을 하면서 배움과 동시에 사회성을 기르는 것에 초점이 맞춰져 있습니다. 현실적으로는 우리 마음이의 발달 정도에 따라 온전히 학교에 잘 머물렀다가 돌아오기만을 바라는 가정도 있을 수 있습니다.

그러면 학교를 통해 하나라도 더 배움을 얻고 오기를 바라기 위해서는 무엇이 필요할까요? 우리 아이보다 조금은 성장이 빠른 친구들을 통해 보고 배우고 모방 학습을 통해 신체와 학습이 개선되는 것을 바라는 것이 우리 마음이 가정의 당연한 마음이 아닐까 합니다. 그렇다 보니 우리 마음이가 학교에서 어떻게 교육을 받아야 교육과정에서 소외되지 않고, 마음의 상처도 받지 않고, 충분히 학교 적응에 도움을 받으면서 즐겁게 수업에 참여할 수 있을지를 고민하시는 것이 입학 전 모습입니다.

그렇다면 모방 학습에 대한 우선순위를 둘 수 있는 통합교육에 대해 먼저 설명드릴게요. 통합교육은 장애 아동을 일반학교에서 비장애 친구들과 함께 한 교실에서 같은 수업을 받도록 하는 교육 방식입니다. 우리나라에서는 1994년부터 통합교육이 본격적으로 시작되었습니다. 통합교육이 시작된 지 벌써 28년이 되었지만, 유럽 선진국처럼 완전한 통합교육이 운영되지는 못하고 있습니다. 통합교육을 진행하지만, 부분통합교육이 일반적으로 진행되고 있는 실정입니다. 이는 교사의 능력뿐만 아니라 우리 마음이가 교육과정을 이행하는 과정에서 인력 지원 등의 어려움이 발생되기도 합니다. 이것이 현재 우리나라의 현실이라고 보셔야 합니다. 하지만 매년 개선되고 있긴 합니다.

이와 같은 현실에서 무작정 완전통합교육의 시행만이 좋은 것이라고 볼 수는 없는 것 같습니다. 이유는 우리 마음이의 학교 인권과 안전 부분에서 반드시 제도적, 행정적, 서비스적 지원이 뒷받침되었을 때 완성되는 교육 방법이기 때문입니다.

어쨌든 현재 우리나라 초등학교에서의 통합교육은 완전통합과 부분통합으로 구분되어 운영되고 있습니다.

[완전통합]

먼저, 완전통합에 대하여 알아보겠습니다. 완전통합은 특수교육대상자이지만 특수학급이 아닌 통합학급에서 하루의 수업 일정을 함께하는 교육을 말합니다. 완전통합의 장점은 친구들과 함께 교과과정의 수업을 받음으로써 의사소통 및 사회성 발달과 모방이라는 간접 학습의 효과를 얻을 수 있습니다. 완전통합의 경우 담임 선생님의 역할이 중요합니다. 같은 반 구성원으로서 신체, 인지, 발달이 느린 우리 마음이를 어떻게 소개하고 배려와 혜택 그리고 수업 진행시 조별 과제, 발표 등 조금은 부족한 마음이가 친구들을 보고 잘 따라 할 수 있게끔 짝꿍 선정 및 순서 등을 세심하게 챙겨줘야 합니다.

만약, 완전통합 과정을 준비하신다면 반드시 담임 선생님과 상담하셔서 마음이의 모방 학습에 대한 배려와 발표 순서 등을 협의하세요. 친구들의 행동과 학습을 모방하여 익히고 참여할 수 있도록 하는 것이 중요합니다.

다만, 학년이 올라갈수록 학업 진도에 대한 부담과 격차로 인해 특수학급의 병행(부분통합)으로 변경하는 사례도 있습니다.

[부분통합]

다음은 부분통합입니다. 특수교육대상자 중 교과 과목의 수업이 어려운 경우 특수학급으로 이동하여 특수학급 선생님의 지도하에 수업을 받는 것입니다. 장점은 개별화된 교육을 받을 수 있다는 것이고, 단점은 같은 반 친구들과 학급 소통에 일부 단절이 있을 수 있다는 것입니다. 더불어 담임 선생님과 특수학급 선생님과의 커뮤니케이션 부재 시, 아이가 어려움을 겪는 일이 발생됩니다. 사실 마음이가 특수학급으로 이동을 스스로 할 수 있는지, 누군가의 도움을 받아야 하는지, 수업 이동 시 어떤 교재를 챙겨야 하는지 등 학교 등교 후 학급 내 마음이만의 또 다른 등교 환경이 발생되기에 상담을 통해 궁금한 사항을 문의하고 확인해야 합니다. 참고로 마음이의 학교 적응 상황에 따라 담임 선생님 및 특수학급 선생님과의 협의 후 완전통합 방식으로 변경할 수도 있습니다.

완전통합과 부분통합의 선택에서 학부모님의 결정이 큰 영향을 미칩니다. 처음 마음이를 맞이하는 학교와 선생님들께서는 서류상 담겨 있는 내용만으로는 우리 마음이의 학습 태도를 판단하기 어렵습니다. 따라서 학부모님들의 최종 결정이 중요하지만, 반드시 입학 전 어린이집, 유치원 담임 선생님과 발달센터 치료사 등 오랜 시간 동안 우리 마음이를 함께 지켜본 교육 전문가님들의 의견을 수렴하시고 초등학교 특수학급 선생님과 특수교육지원센터와 협의 후 결정하시기 바랍니다. 수업을 받으면서 얼마든지 협의를 통해 아이의 통합교육 방법을 변경할 수 있으나, 마음이가 혼란스럽지 않게끔 주의를 당부드립니다.

통합교육은 일반 학생들도 다양한 성향, 성격의 친구들을 사귀고 차이와 배려의 태도를 수용하고 배울 수 있는 장점이 있습니다. 다만, 우리 마음이의 돌발행동과 늦음이 다른 친구들에게 피해를 주거나 학습권 방해로 이어지지 않게 적당한 협의가 필요하고, 더 각별히 챙겨야 할 대목은 마음이에 대한 지나친 배려와 협조가 아이 성장에 어떻게 긍정적으로 이어질 수 있는지를 살펴보면서 학교생활을 해야 할 것입니다. 1학년 교실에는 우리 마음이만 학교 적응이 필요한 것이 아니라, 모든 친구들도 똑같이 1학년 학교생활 적응이 필요하기 때문입니다.

도늬는 특수교육대상자로 초등학교에 입학하였지만, 특수학급 배정을 못 받은 케이스에요. 입학을 계획한 학교가 특수학급 정원 초과로 부분 통합조차 힘들 수 있다고 특수교육지원센터로부터 사전 안내를 받았습니다. 이미 이사를 한 상황이었기에 학교를 멀리 다닐 수 있는 상황은 안 되었고, 완전통합으로 1학년을 준비했지만 불안함은 3월 한 달 내내 가시질 않았습니다. 살짝 멘붕이 오기도 했지만, 아이가 잘 성장해주길 바라며 부지런히 준비하였습니다. 본격적인 수업은 4월부터 시작되었기에, 3월 한 달 동안은 등하교를 함께하며 수업 참여, 착석, 급식 등 학교 적응에 대해 담임 선생님과 소통했습니다. 물론 학부모 대표를 지원하여 학급 운영에 협조한 것이 아주 작게나마 도움이 되었습니다. 아무래도 선생님도 더 협조적으로 소통해주시는 것 같았거든요. 코로나로 인해 온라인 수업의 2, 3학년 시기를 거쳐 4학년까지 완전통합으로 학교 수업 과정을 잘 따라가고 있습니다. 물론 부족한 것은 여전히 넘칩니다.

우리 도늬는 학급 이름 번호가 2번이고, 키 순서도 남자 아이들 중 작아서 발표나 실습 활동 시 먼저 해야 하는 게 부담이라고 느끼고 있습니다. 그래서 가급적 다른 아이들의 모습을 충분히 지켜본 후 도늬도 학습에 참여할 수 있도록 매년 당부를 드리고 있습니다. 잘하든 못하든 결과가 중요한 것이 아닌 참여를 우선으로 목표했기 때문입니다. 소극적이고 자존감이 낮은 아이에 대한 담임 선생님들의 배려도 한몫하여 지금껏 사고 없이 학교를 다니고 있습니다. 고학년으로 올라가면서 학습 격차가 벌어지는 게 느껴집니다. 언어적 이해력 부족, 상황 이해 및 사회성 관계 형성이 늘 어려운 현실이지만 그래도 친구들이 사용하는 언어, 표현, 놀이를 집에 와서 할 때면 교실에서의 완전통합 교육으로 모방 학습의 성과를 확인하는 순간입니다. 마음이가 부족하더라도 완전통합은 도전해 볼 만합니다. 특수학급의 유무와 관계없이, 우리 아이와 친구들 그리고 선생님을 신뢰해야 하구요. 부족하다고 한없이 뒷걸음질하지 마시고, 한 번은 도전해야 하는 상황이 올 거예요. 우리 마음이도 할 수 있습니다!

완전통합과 부분통합, 닭이 먼저인지 계란이 먼저인지 따지는 것의 문제가 아닐까 싶습니다. 초등학교 때는 완전통합을 했던 친구들이 중학교에서 부분통합으로 이어지기도 하고, 반대로 초등학교, 중학교 때 부분통합이었던 친구들이 오히려 고등학교 시절 완전통합으로 스스로 옮겨가는 경우도 있습니다.

결국 통합의 문제는 '학습 수준'의 문제보다는 '적응 수준'의 문제라고 생각합니다. 학습과 교육의 수준도 중요하지만, 학교 적응에 대한 성패는 '착석하기, 지시 따르기, 어울리기'가 더 중요한 항목입니다. '착석'을 유지하기 위해 '사전 학습'을 하는 것이고, '지시 따르기'를 가능하게 하기 위해 '사전 학습'을 하는 것입니다. 센터에서는 마음이들에게 '반복'과 '연습', 지겹지만 그 두 가지에 '흥미'와 '재미'를 느끼는 방법을 찾는 과정을 중점으로 둡니다. 가정에서 지겹겠지만 반복, 연습은 절대 내려놓아선 안 되는 항목입니다.

마지막으로 부분통합에 대해 덧붙여 말씀드리자면, 1학년 통합반 적응이 너무 걱정되신다면 학교에 '활동보조 도우미 선생님'이 수업에 함께 들어갈 수 있는지를 확인하시는 것도 방법입니다.

초등학교 입학 유예의 장점과 단점, 고민의 답은?

초등학교 입학 유예의 고민. 신체적으로 아주 어려운 상황이 아니라면 먼저 학교를 보내보세요. 답이 보일 수 있습니다.

마음이 부모님들 중에는 초등학교 입학 유예를 고민한 가정이 많습니다. 실제로 학교를 유예하여 당장 돌입하게 될 1년을 맞이하게 될 시간을 늦춰 조금 더 아이가 성장한 후 초등학교에 입학 시키는 경우도 있습니다. 건강상의 이유, 발달상의 이유, 학습 부진에 대한 이유, 의사소통의 어려움 등 그 이유도 다양합니다. 누군가는 조기 입학을 결정하여 조금 더 빠르게 초등학교 입학을 고민할 때 우리 마음이네는 입학 유예를 고민하는 게 현실이기도 합니다. 다만, 유예를 신청할 때 유아 무상교육을 3년 동안 받으셨다면, 교육비 지원을 받지 못하고 유치원 등에서도 8살 등원을 반기지 않을 수도 있으니, 입학 유예 시 다녀야 할 교육기관에 교육비 지원과 마음이의 등원에 대한 분위기를 반드시 확인해야 합니다.

일반 입학 유예는 각 지역 주민센터를 통해 신청이 진행됩니다. 우리 마음이가 특수교육대상자는 아니지만 도저히 초등학교에 입학하여 적응에 어려움이 있다고 판단될 때 가능하며, 한번 신청 시 1년에 한해서 유예가 가능합니다. 또한 진단을 받은 경우에는 의사의 진단서로 유예를 신청할 수 있지만, 진단을 받지 않은 경우에는 적절한 교육을 받겠다는 객관적인 증빙 서류를 반드시 제출해야 합니다. 매년 10월 1일부터 12월 말까지 신청이 가능하며, 정해진 기간 외에는 신청이 불가합니다. 최종 심의는 학교 의무교육관리위원회를 통해 학교장의 승인 절차를 통해 확정됩니다.

우리 마음이는 조금 다른 절차를 통해 유예가 진행됩니다. 특수교육대상자는 특수교육운영위원회의 심의를 거쳐 유예를 결정합니다. 마음이의 입학 유예는 각 지역 특수교육지원센터에 문의를 통해 절차와 방법을 확인하실 것을 안내드립니다. 입학 유예에 대한 고민은 크실 것입니다. 그러나 가급적이면 유예보다는 입학 후 학교 안에서 마음이가 학교에 적응하게 할 것을 권장드립니다. 의사소통의 어려움이 마음이네 가정에서 학교 입학을 고민하는 가장 큰 이유일 것입니다. 아주 중대한 건강상의 이유가 아니라면, 말은 잘 못해도, 글을 잘 몰라도 최소한의 의사소통만 된다면 또래 친구들과 어울려 배우고 생활하는 것을 더 고민해주세요.

충분히 학교에서도 부족함을 인지하여 특수치료 수업에 대한 시간 배려, 특수학급 선생님을 비롯하여 보조 인력 지원 등 충분히 함께할 수 있는 가능성이 초등학교 안에는 있기 때문입니다.

초등학교와 유치원의 다른 그림 찾기

유치원보다 초등학교는 조금 딱딱하게 느껴집니다.

뭐가 그렇게 다를까요?

유치원에서는 늠름한 아이들이었지만, 초등학교에서는 가장 막내로 6학년 선배들의 모습과 유치원과는 비교할 수 없는 초등학교의 웅장함에 1학년 아이들은 긴장을 하게 됩니다. 초등학교와 유치원의 차이는 무엇이 있을까요? 이론적, 현실적 이야기를 해보겠습니다.

초등학교와 유치원의 가장 큰 차이는 의무교육의 기준입니다. 초등학교는 초중등교육법에 기준하여 의무교육이 처음으로 시작되는 단계입니다. 유치원은 특별한 사유 없이 입학시키지 않는다고 해도 법적으로 문제가 없지만 초등학교는 다릅니다. 의무교육 이행 위반으로 우리 부모님들께서 법적 책임을 갖게 됩니다. 법률적으로 다른 초등학교와 유치원의 차이, 우리 마음이의 눈높이에 맞춰 실제로는 무엇이 있는지 살펴보겠습니다.

그럼 생활에서는 무엇이 가장 다르게 느껴질까요? 바로, 간식 타임입니다. 유치원은 급식 외에 오전과 오후에 간식이 제공됩니다. 그러나 초등학교에서는 급식 외에는 간식이 없습니다. 특히 코로나 시국에는 물 이외에는 어떠한 간식도 교실 내 취식을 금지했습니다. 사탕, 초콜릿조차 반입을 금지하는 경우가 많습니다. 먹을 것에 더 관심이 많고 소중한 마음이에게는 반드시 아침의 든든한 식사가 필요합니다. 그래서 꼭, 아침식사를 하고 등교하는 습관을 길러야 합니다. 그렇지 않으면 집중력이 떨어져서 오전 내내 짜증을 부리거나 늘어질 수 있습니다.

두 번째는 학습 공간의 차이입니다. 유치원은 바닥 공간의 편안함이 있지만 초등학교는 없습니다. 책상과 의자뿐이에요. 유치원은 의자에 앉아서 수업을 하고, 바닥에 누워 뒹굴며 쉬며, 놀며, 배움을 이어가기도 합니다. 하지만 초등학교에서 우리 마음이가 앉아 있을 수 있는 곳은 본인의 의자와 쉬는 시간 잠시 쉴 수 있는 소파 공간입니다. 따라서 마음이에게 꼭 의자에 착석하는 습관을 만들어줘야 합니다. 더불어 낮잠 시간이 없습니다. 초등학교에는 아이들이 다 같이 누울 수 있는 공간도 없고, 그런 분위기도 아니랍니다.

세 번째는 수업시간입니다. 착석도 쉽지 않겠지만 그 시간이 선생님의 말씀을 귀담아들어야 하는 40분이라는 것이 세 번째 고비일 수도 있습니다. 유치원의 수업시간은 담임 선생님의 재량으로 수업시간을 줄였다 늘였다 할 수가 있습니다. 아이들이 지루한 것 같으면 언제든 놀이로 수업을 변경할 수도 있는 곳이 유치원입니다. 학교에 갓 입학한 대부분의 아이들이 느끼는 것은 학교에서는 놀 시간이 없다는 것입니다. 초등학교는 정해진 일과 시간표를 기준으로 생활하기에 학교 규칙 이해 및 실천을 통한 학교 적응이 필요합니다.

8

개별화교육계획(IEP)은 정말 중요해요

마음이 부모님, 개별화교육은 알고 학교 입학을 준비해야 합니다.

개별화교육계획(IEP)은 우리 마음이 부모님들께서 초등학교 입학 후 가장 중점을 두어야 하는 항목입니다.

개별화교육이란? 각 학교에서 특수교육대상자 개인의 능력을 계발하기 위하여 장애 유형 및 장애 특성에 적합한 교육 목표, 교육 방법, 교육 내용, 특수교육 관련 서비스 등이 포함된 계획을 수립하여 실시하는 교육을 말합니다. 각 학교에는 개별화교육지원팀이 구성되고 매년 구성되는 개별화교육지원팀은 개별화교육을 위하여 학기마다 개별화교육계획을 작성합니다. 일반적으로 개별화교육지원팀은 특수교육교원, 일반교원, 진로 및 직업교육 담당 교원, 특수교육 관련 서비스 담당자, 보호자 등이 팀의 구성원이 될 수 있고 현실적으로 이 모든 것을 주도하는 사람은 특수학급 선생님입니다. 개별화교육계획은 교사도 학급에서 학생의 특성을 파악하는 시간이 필요하기에 한 달간의 모습을 살펴보며 3월 말쯤에 진행됩니다. 매 학기 시작일로부터 30일 이내에 마무리되어야 하기 때문이죠.

개별화교육계획을 수립할 때 우리 마음이 부모님들은 반드시 우리 아이에 대한 정보를 꼼꼼히 체크하여 제공해야 합니다. 통상적으로 대면 상담을 통해 진행되며, 학교 안에서의 마음이의 보호자가 되는 담임 선생님과 특수학급 선생님에게 우리 아이에 대한 A to Z의 정보를 제공해주실 것을 추천드립니다.

단순히 학교 적응에 필요한 학습적 요인뿐만 아니라 아이가 커온 성장 과정 그리고 마음이를 뒷바라지해주는 가족의 이야기까지 아이를 위해 노력하는 마음을 전달해주세요. 감정적 호소가 아닌 그만큼 노력하고 있다는 모습을 피력하셔서 가정에서 이렇게 소중하게 성장하는 마음이가 학교에서도 소외받지 않고 배려와 관심 그리고 스스로 성장할 수 있는 기회를 부여받게 해야 합니다.

개별화교육계획을 통해 정리된 내용을 토대로 우리 마음이의 개별화 교육 서비스가 제공됩니다. 과목별 통합교육 방식과 학교에서 도움받을 수 있는 인력, 교육 서비스 그리고 돌봄반 계획과 방과 후 활동 영역까지 꼼꼼히 체크하셔야 합니다. 두루뭉술하게 작성하는 것보다 명확한 목표를 설정해서 담임 선생님과 특수학급 선생님과 같이 협의하며 마음이의 사회적, 학습적 성장을 이끌어줄 수 있도록 해주세요. 그 목표 설정은 반드시 필요합니다. 설사 그 목표가 가장 기본 단계인 '문제없이 등하교하는 것', '급식 잘 먹고 오는 것'이라도 글로써 말로써 개별화교육계획 수립 시 꼭 전달해주셔야 합니다. 이렇게 명확하게 전달해주셔야 수십 명을 관리하는 교사 입장에서는 더 빠르게 이해할 수 있기 때문입니다.

학교마다 개인마다 개별화교육계획 운영 방법은 다릅니다. 학부모와 교사가 각자의 입장에서 우리 마음이의 정보를 제공하고 협의한 내용을 서면으로 정리하여 최종적으로 마무리합니다. 최근에는 특수교육대상자 학부모를 대상으로 전체 회의를 하는 경우도 있습니다. 개별화교육 지원팀 협의회를 특수학급 선생님의 주도하에 학교의 개별화교육 운영 계획을 브리핑하고 질의응답을 받는 회의를 하는 사례도 늘고 있습니다.

1학년 개별화교육계획(IEP) 때에는 도늬의 성장, 수행 과정, 학습 진도 상황을 메모하여 상담을 진행하였고, 2학년 이후에는 도늬 성장을 담은 책(『도훈아, 학교 가자』)을 가져다드렸습니다. 매년 담임 선생님과 특수학급 선생님과 함께 상담을 진행하였고, 책을 통해 우리 가족의 도늬에 대한 마음과 계획을 전달하였습니다. 도늬의 부족함도 속 시원하게 말씀 드리면서 도움을 요청드렸습니다. 아이의 학년별 목표는 오직 하나였습니다. 열외하지 않고 못하더라도 참여하여 경험을 통해 참여의식과 자신감을 높여주는 것. 1학년 때나 지금이나 도늬의 학교 목표는 변함이 없습니다. 그래서 경험한 바 제안드리는 것은, 우리 마음이의 부족함을 숨기려 하지 마세요. 학교 선생님들은 역술가가 아닙니다. 아이의 이름과 행동만으로 아이 성향을 맞출 수 없습니다. 제 교직 경험상 선생님들을 시험하려 하시는 분들도 간혹 계십니다. 그런 마음을 갖고 계시다면 빨리 버리시고, 선생님들과 협력하여 우리 마음이가 편안한 학교생활을 할 수 있게 조력해주셔야 합니다. 꼭이요!

어린이집과 유치원에서는 보통 '협력의뢰서'를 센터로 보내주는데 학교는 경우에 따라 다릅니다. 특수교사 선생님이 먼저 센터로 연락을 주기도 하고, 서면을 통해 아이에 대한 현재 수업내용을 요청하기도 합니다.

학교 내에서의 프로그램과 목표를 학부모님께 전달하고 그 안에서 진행하는 경우도 많습니다. 만약 후자의 경우라면, 학기 초에 미리 아이에 대해 부모님께서 아이에 대한 자료를 준비해서 학교에 드리는 것도 부모님께 '관심의 정도'를 적극적으로 보여줄 수 있는 부분이라고 생각합니다. 최근 받았던 검사결과지도 좋고 전체의 내용을 드리기 부담스러우면, 다니는 센터에 요청해서 학교에 제출하실 자료, 즉 현 장단기 계획서와 아이의 수준 및 수업 내용을 받아서(협력의뢰서 양식이 있으면 부탁하면 됨) 담임 선생님과 특수교사 선생님한테 전달하면 우리 아이를 중심으로 체계적으로 돌아가는 느낌이 들 것입니다. 저희 센터에서는 이 부분을 부모님과 확실히 이야기를 나누며, 아이를 위해 꾸준하고 지속적인 협력적 관계를 위해 '먼저'와 '나중'에 관계없이 아이의 성장과 발전을 위한 연락을 주고받아야 한다고 제안합니다. 참고로 미국의 경우에는 느린 아이의 학교 적응을 위한 상담에 부모와 각 치료사, 학교 선생님과 스쿨버스 기사님까지도 상담을 진행합니다. 아프리카 속담 "한 아이를 키우기 위해서는 온 마을이 필요하다"는 내용이 이미 실행 중인 미국의 교육 환경입니다.

9

온라인 수업, 우리 마음이에게 필요한 것은?

코로나가 만들어준 온라인 수업, 언제 어떻게 다시 시작될지 몰라요.

코로나가 아직 우리 곁을 맴돌고 있습니다. 금방 헤어질 줄 알았는데, 어느덧 3년째 우리의 삶 속에 포함되어 있습니다. 올해는 실내 마스크도 점점 풀리면서, 과거의 일상으로 하나씩 다시 돌아가고 있지만, 우리는 코로나를 통해 학교에서도 일반 사회에서도 회의, 수업, 행사, 업무 등 다양한 사람들과의 만남이 비대면으로도 가능하다는 것을 경험하게 되었습니다.

특히, 온라인 비대면 수업은 학생들과 선생님들의 익숙함이 가장 높을 정도로 사용 빈도가 많습니다. 앞으로 온라인 수업이 또 어떻게 들이닥

칠지 모르는 상황에서 온라인 수업에 대한 적응과 준비 방법을 살펴보겠습니다.

온라인 수업은 두 가지 수업 방식으로 구분됩니다. 강의 등을 듣는 수업은 단방향 수업, 출석 체크 및 질의응답 등을 확인하는 쌍방향 수업으로 구분됩니다. 단방향은 학교보다는 학원 온라인 강의에서 사용되는 동영상 컨텐츠를 시청하는 강의이고, 쌍방향 수업은 주로 학교에서 진행되며 실시간으로 학생들의 출석, 착석 태도, 과제 발표 등을 체크합니다.

기본적으로 장비는 컴퓨터, 노트북, 태블릿 PC, 스마트폰 무엇이든 가능하며 학교 사정에 따라 기기를 대여해주기도 합니다. 그러나 인터넷 환경은 가정에서 챙겨주셔야 합니다. 와이파이 환경을 추천드립니다. 일반 데스크톱 컴퓨터에는 음성 송출이 가능한 헤드셋(이어폰)과 캠을 설치해야 합니다. 데스크톱 컴퓨터에는 캠이 기본적으로 설치가 안 되어 있을 수 있기에 노트북 사용을 추천드립니다. 막상 설치해서 하려면 안 되는 경우가 많아 사전에 꼼꼼하게 체크해두지 않으면 곤란할 때가 가끔 발생될 수 있지만 노트북과 태블릿 PC, 스마트폰의 경우에는 카메라와 음성 송출이 가능하기 때문에 별도의 장비가 필요 없기 때문입니다. 다만, 조금 더 수월하게 선생님과 친구들의 음성을 듣고 싶다면 음성 송출이 가능한 헤드셋을 추천드립니다. 헤드셋을 끼면 아이들이 좀 더 수업에 집중할 수 있답니다. 스마트폰의 경우 화면이 너무 작기 때문에 선생님이 띄워주는 화면을 잘 못 보는 경우가 있습니다. 온라인 수업으로 할 때에는 좀 더 큰 화면으로 시각적으로 아이가 집중할 수 있게 해주는 것이 좋습니다.

그렇다면 원격 온라인 수업에 우리 마음이는 어떤 준비가 필요할까요? 기본적으로 스마트폰에 노출이 되었다고 가정할 때, 혼자 로그인을 할 수 있어야 합니다.

온라인 수업뿐만 아니라 마음이들이 인터넷을 활용하고 스마트폰을 가지고 게임, 놀이, 학습을 할 때 앞으로 수없이 해야 할 과정입니다. 아이디, 비밀번호의 개념과 자판을 눌러서 입력하는 방법을 가르쳐주세요. 자판을 누르는 게 어려운 컨디션이 아니라면, 몇 번의 가르침으로 부모님들이 생각하시는 것보다 잘할 수 있을 것입니다.

우리 부모님들도 학교에서의 예절, 규칙에 대하여는 가르쳐 보셨겠지만, 온라인 공간에서의 규칙과 방법에 대하여는 마음이에게 말씀해보신 적이 없을 것입니다. 온라인 수업 공간에서도 담임 선생님과 학생들이 만든 규칙이 있습니다. 쌍방향으로 진행되는 수업 방식이다 보니 누구든 말을 할 수 있고, 상대방의 행동을 모니터 화면을 통해 볼 수 있습니다. 그리고 가정에서 수업을 하다 보면 자리 이탈도 발생되고 잠옷 차림 등 복장 불량으로 참여할 수도 있을 겁니다. 그러한 장면을 선생님이 하나하나 다 체크하고 언급하다 보면 수업은 제대로 이뤄지지 않기에 우리 마음이가 학급구성원으로서 원만하게 참여할 수 있도록 가정에서의 협조가 반드시 필요합니다. 줌(ZOOM)을 통해 온라인 출석이 진행된 후 각 학교마다 온라인 학급방이 개설됩니다. 이곳에서 쌍방향 수업을 주고받는 컨텐츠가 제공되고 마음이의 수업 참여 정도를 담임 선생님이 체크할 수 있습니다. 따라서 마음이에게 온라인 수업 참여 방식을 명확하게 알려주어야 합니다.

비대면 온라인 수업의 한계는 존재합니다. 그중에 가장 우리 마음이에게 아쉬운 것이 옆에서 보고 배울 수 있는 모방 학습의 한계입니다. 코로나 학습 환경 중 우리 마음이에게 가장 안타까운 부분입니다. 그렇다고 부모가 옆에서 온라인 수업 시 하나하나 챙겨준다는 것도 쉬운 일은 아닙니다. 각 학급마다 온라인을 통해 소통하는 방법은 다릅니다. 동영상, 파일 전송, 온라인 링크값 안내 등 수업에 필요한 자료를 마음이가 다 챙기기엔 어려움이 있습니다. 선생님이 내준 숙제를 이해하지 못해서 못 하는 경우, 조작법을 몰라서 딴짓하는 경우 등이 비일비재합니다.

온라인 수업에서 우리 마음이들뿐만 아니라 대부분의 학생들이 가장 잘하는 행동 중 하나는 다른 친구들이 어떻게 하고 있는지 지켜보는 것입니다. 선생님의 말씀보다 선생님이 말씀하실 때, 다른 친구들은 어떻게 앉아 있고 지켜보는지를 더 유심히 살펴봅니다. 그 이유는 모방할 대상을 찾고 있는 것입니다. 그리고 다른 친구들의 태도가 궁금한 거죠. 이유는 학교에서는 고개를 돌리면 쉽게 볼 수 있지만, 온라인상에서는 그렇지 못하기에 많은 친구들이 수업 내용은 뒷전으로 하고, 다른 친구들의 온라인 수업 태도를 구경하는 데 여념이 없는 경우가 많습니다.

결론적으로 온라인 수업 시에는 마음이 부모님들의 손길이 반드시 필요합니다. 부모님이 다 해주라는 것이 아니라 온라인 예절 및 태도에 대한 세밀한 설명이 반드시 필요합니다. 더불어 온라인 수업은 선생님의 일방적인 수업이 아닌 쌍방향 수업으로 과제 제출이 포함됩니다. 과제 제출은 온라인을 통해 제시된 문제를 풀고 제출하는 방법도 있지만 과제와 교과에 따라 악기 연주, 노래, 종이접기 등 동영상과 사진 결과물을 제출하는 경우도 있습니다. 향후 온라인 수업이 어떻게 진행될지는 모르지만, 새롭게 입학하는 우리 마음이와 친구들은 온라인 수업이 생애 처음일 수도 있습니다. 학교의 선생님들은 지난 3년의 비대면 과정을 통해 익숙하시기 때문에, 충분히 알림장이나 가정통신문을 통해 안내를 해주실 것입니다. 조작법, 온라인 예절 등을 충분히 설명하고, 장비 대여 등 준비를 통해 우리 마음이도 온라인 비대면 수업도 충분히 함께할 수 있습니다.

도늬와 여니가 동시에 온라인 수업을 듣는 게 쉬운 일은 아니었습니다. 먼저 집에 노트북이 한 대밖에 없어서, 학교에 대여 신청을 하여 노트북을 빌려 사용했습니다. 각자 다른 공간으로 분리하여 노트북을 펼쳐 오전 9시부터 온라인 수업이 진행되었습니다.

두 아이의 온라인 강의에 임하는 태도는 확연히 달랐습니다. 저는 개인적으로는 아이들의 수업 태도를 비교할 수 있어서 좋은 부분도 있었습니다. 자기 주도적으로 수업에 참여하는 여니에 비해 도늬는 모든 것에 손길이 필요했습니다. 아무 말도 하지 않으면, 다른 친구들이 어떻게 하고 있는지만 쳐다볼 것 같았습니다. 25명의 학생들을 담임 선생님이 다 챙기다 보면 40분 수업은 금방이었습니다. 비대면이지만 아이들의 얼굴을 보면서 수업을 해야 하기에 온라인 수업 조작 방법이 익숙하지 않은 초반에는 수업을 하는 건지 교통정리를 하는 건지 구분이 안 되었던 수업도 있었습니다. 도늬네는 하이클래스로 과제와 수업이 진행되었고, 선생님의 과제 안내 후 재빠르게 도늬가 스스로 할 수 있는 과제를 챙겨주었습니다. 제출 여부 및 진도율을 선생님이 체크하실 수 있기 때문에 안 된 친구들은 결국 나머지로 제출해야 했고, 아이의 자존감, 참여율을 높여주기 위해선 저도 똑같이 온라인 수업에 참여하며 보조 교사의 역할을 하였습니다. 사실 온라인 수업은 카메라와 마이크 끄고 켜는 방법만 알아도 수업에 참여할 수 있습니다. 출석이 체크되는 거죠. 다만, 수업에서 얼마나 많은 것을 배우는지가 부모님의 관심의 역할임을 참고해주세요.

　3년의 온라인 수업 참여 결과, 장점은 온라인 비대면 강의에 익숙해졌다는 것입니다. 학습지의 경우에도 태블릿을 이용한 비대면 강의에 아이도 적응을 했고, 스스로 태블릿 학습기도 제법 다룰 수 있게 되었다는 점이 비대면 수업 경험을 통해 얻은 수확입니다.

아직도 미디어를 무조건 안 된다고 하시는 부모님이 계시진 않으신지요. 이제는 종이책만큼이나 전자책도 많이 구독되고 있는 만큼 나중에 우리 아이들이 어른이 된 시대에는 컴퓨터가 얼마나 더 발전할지 상상할 수도 없을 것입니다. 자폐스펙트럼장애인지 아닌지를 고민하시는 부모님들은 미디어 중독으로 인해 그런 것이라고 생각되어 스마트폰, 태블릿 사용을 차단하기도 합니다. 하지만 잘 쓰면 약이 될 수 있기 때문에 초등학교 입학을 앞두었다면 완전히 끊을 수 없는 부분입니다. 예전 초등학교 때와는 달리 각 교실에는 컴퓨터와 큰 모니터, 텔레비전이 있고, 학교에 따라 미디어실도 있어 활용할 수 있는 것들이 있으니까요. 많은 아이들이 로블록스, 마인크래프트 게임 속 메타버스 공간에서의 놀이, 사회생활, 학습 등 다양한 경험들도 늘어나는 추세인 만큼 적절한 온라인 활용은 우리 마음이들에게 많은 도움이 될 것입니다. 가정에서는 초등학교 입학 전, '컴퓨터', '스마트폰', '태블릿 PC' 등에 대한 이야기를 자주 해주시고, 관련된 규칙을 정해주세요. 사용 시간에 대한 것이 가장 중요하겠죠? 시간 관리만 해준다면 우리 마음이의 소중한 친구이니깐요.

10

배려? 열외?
마음이가 원하는 것은 무엇일까요?

배려와 열외는 한 끗 차이.
그 차이가 우리 마음이의 성장을 결정합니다.

학교 입학 후 '우리 아이가 잘할 수 있을까?'라는 걱정으로 학교는 시작됩니다. 그리고 언어 표현이 부족한 우리 마음이, 의사소통을 잘 할 줄 모르는 우리 마음이가 과연 학교에서 어디서부터 어디까지 도움과 배려를 받아야 하는지가 걱정됩니다. 교실에서의 착석과 단체생활의 적응 외에 우리 아이가 탠트럼이나 짜증 등 돌발행동이 나올 때 대처 방법에 대해서 예측하고 도움을 줄 수 있도록 정보를 공유해야 합니다. 학교를 보내놨으니까 학교 담임 선생님께서, 특수학급 선생님께서 알아서 해줄 것이라고만 생각하면 곤란합니다. 우리 마음이는 아직 1학년이고, 아이도 학교에 대한 정보가 없고, 선생님들과 학교도 우리 마음이에 대하여 충분한 정보가 없습니다. 아마도 마음이 탠트럼의 뒤집어지는 모습에 선생님들도 마음이 뒤집어질 수 있습니다.

우선 마음이에게 최소한의 의사소통 방법을 가르쳐줘야 합니다. 언어를 통해 의사소통이 가능한 마음이의 경우 스스로 언어 표현을 할 수 있게 사전 교육이 필요합니다. 좋음, 싫음, 배고픔, 목마름, 오줌 마려움, 더움, 추움, 아픔 등 학교 교실에서 수시로 느낄 수 있는 상황에 대해 스스로 표현할 수 있어야 합니다. 등교 후 최소 서너 시간은 학교에서 선생님들의 보호 아래 친구들과 함께해야 하니, 친구들과의 소통을 위한 기본적인 표현은 반드시 필요합니다. 표현은 상대가 이해하지 못해서 속상함에서 나오는 짜증이 탠트럼으로 이어질 수 있으니까요.

언어가 되는 마음이라면, 선생님께 또는 친구들에게 스스로 필요에 의해 말할 수 있는 방법을 알려주세요. 정확하고 또박또박 말하면 더 좋습니다. 과격한 표현, 말끝이 흐려지는 소극적인 표현보다는 우리 마음이가 지금 당장 필요한 게 무엇인지 표현하게끔 해야 합니다. 그 다음이 상황에 맞는 단어와 말을 하며 의사표현을 해야 하는 것이지만, 그 전에 어색함을 이겨내야 하는 상황이 있습니다.

만약, 언어 표현이 안 된다면 가정에서 사용하였던 의사소통 기구를 학교에서도 활용하셔야 합니다. 간단한 그림 카드로 아이가 의사소통을 하게 해주는 것도 방법입니다. 그림 카드는 더 간단해야 합니다. 소변이 마려울 때 사용하는 화장실 그림 카드, '좋다'를 표현하는 스마일 그림 카드, '싫다'를 표현하는 'X' 카드, 목이 마를 때 표현하는 생수병 그림 카드 등을 활용할 수 있습니다. 우리 아이가 목걸이 형태 또는 쉽게 지닐 수 있게 해주셔도 됩니다.

그렇다면, 우리 마음이가 학교 수업과 교과 과정에 있어 어디서부터 어디까지 참여할 수 있고 어떤 점을 요청해야 할까요? 우리 마음이만 생각한다면, 마음이가 끝까지 할 수 있을 때까지 기다려주고 참여하여 칭찬을 받게 하고 싶지만, 수십 명의 학생들을 통솔해야 하는 담임 선생님도, 다수의 각기 다른 성향과 수준을 갖고 있는 마음이들을 가르쳐야 하는 특수학급 선생님도 이것은 쉽지 않은 일입니다. 다른 친구들의 기다림도 소중한 시간이고 매번 기다려주기는 어렵기 때문이죠.

우리 마음이의 교과 수업 참여와 요청에 대한 것은 개별화교육계획 상담 시 전달하고 선생님들과 협의가 되어야 합니다. 이때, 중요한 것은 '어디까지 열외를 허용할 것이고, 어디까지 배려를 받아야 하는가?'에 관한 것입니다.

상담 시, "선생님, 우리 아이 좀 잘 부탁드립니다."라는 이야기를 안 할 수가 없습니다. 그런데 이 안에 어떤 뜻이 담겨 있는지는 말하는 사람과 듣는 사람에 따라 차이가 있다는 것이죠. 우리 마음이 부모님의 속마음은 '우리 아이 좀 배려해주시면서, 못 하는 게 있더라도 천천히 잘 살펴주셔서 학교생활 적응에 잘 부탁드립니다.'라는 의미를 담았지만, 선생님께서는 '마음이가 부족함이 많으니 교실에서 다른 아이들과 한 공간에서 생활할 수 있게만 해주세요.'라고 이해할 수도 있습니다. 실제 천천히 성장하는 아이를 키우는 부모님들과 이를 가르치는 치료사, 선생님들과의 상담을 통해 느낀 대목입니다.

배려와 열외는 결론적으로 비슷한 결과를 갖고 있어요. 하지만 선생님 입장에서도 모두가 서투른 초등 1학년 학생들을 관리하는 데 있어서 그 중에 조금 더 느림이 있는 마음이의 수업 참여, 단체생활을 어떻게 관리해야 할지 헷갈릴 수 있습니다. 배려해줘야 하는 건지, 열외시켜야 하는 건지를요. 특수교육의 범위는 매우 다양하고 개별적인 특성에 대한 이해와 접근 방식이 필요합니다. 담임 선생님은 그 역할을 함께 해야 하는 입장이기도 하지만, 학생 전체를 관리해야 하는 것이 우선이기도 합니다.

마음이 부모님들이 정확하게 의사를 전달해야 합니다. 담임 선생님이 우리 아이를 위한 최선의 교육을 할 수 있도록 협조해야 하는 것이 우리 부모님의 역할입니다. 학습적인 것이 최우선이 아니라면, 우리 아이와 다른 아이가 모두 즐거운 학교생활을 할 수 있게 방법을 함께 찾아가는 협력 관계임을 어필하셔야 합니다. 그리고 우리 가정에서 생각하는 학급 내 배려와 어쩔 수 없는 열외에 대하여는 입학 후 마음이가 학교를 다니면서 하루, 한 달, 한 학기, 일 년의 시간 동안 부모님들도 함께 배우고 이해하셔야 합니다. 아이의 정보는 계속 업데이트되면서 초등학교는 총 6년의 시간을 머무르면서 성장해야 하기 때문입니다.

배려와 열외라는 단어 선택 그리고 선생님들께 이야기하는 것이 참 어려운 내용이었습니다. 도대체 우리 도늬를 어디까지 챙겨달라고 해야 할지, 어떤 부분에서는 과감히 제쳐두고 모든 아이들을 이끌어주시라 할지가 어려웠습니다. 사실 유치원 시절엔 제가 근무했던 유치원을 다녔기에 교사 자녀로서 보이지 않는 혜택을 받았던 것이 사실입니다. 원장님, 담임, 부담임 선생님부터 실습 선생님들까지 모두가 도늬에게 한 번 더 손길을 주었기 때문입니다. 그러나 학교에서는 완전통합으로 진행했기에 더 이상의 손길을 기대할 수는 없었습니다. 교실에서는 온전히 담임 선생님과 같은 반 친구들의 배려와 격려가 아이의 학교 적응과 성장에 절대적이었습니다. 1학년 담임 선생님에게 도늬의 언어 표현 능력, 학습 능력과 의사소통의 방법, 사회성 수준, 탠트럼 행동, 무료할 때 기계음을 내는 습관 등 많은 것을 말씀드렸고, 수시로 체크하면서 배려와 열외의 기준을 수정하였습니다. 물론 부정적인 피드백도 받았고, 이를 인정하고 열린 마음으로 수용하여 단체생활에서 개선할 점을 가정에서도 부지런히 가르쳤습니다. 환경에 따른 아이의 감정, 행동, 언어가 다르게 나타났고, 학급 내 친구들과 쌍둥이 여동생 여늬를 통해 도늬의 학교생활을 엿보고 선생님께 자문을 구했습니다.

도늬는 발표에 자신감이 없는 아이였습니다. 못 한다고 엉덩이를 빼는 행동에 수업은 늘 지연되기 일쑤였습니다. 체육시간, 책 읽기 등 선생님의 눈을 피하고 이탈 행동이 많았던 아이에서 같은 반 여자 친구들이 줄도 세워주고 옆에서 챙겨주면서 모방 학습을 통해 조금씩 개선된 1학년 시기를 건너왔습니다. 이 과정에서 수업 시, 도늬가 참여하면 격려와 칭찬을 부탁드리고 두세 번의 시도에도 불구하고 지연으로 방해가 된다면 과감하게 도늬의 학습에 관련한 발표, 체험, 실습은 열외를 해달라고 말씀드리니 그렇게 진행을 해주셨습니다. 도늬로 인해서 모든 아이들이 기다리는 상황은 아이를 싫어하게 하는 요인이 될 수도 있기에 시도는 해보지만, 아이들의 지나친 기다림은 저희 가정에서도 원하는 학교 적응 생활이 아니었습니다.

초등 4년의 시간을 거치면서 교실 내 배려와 열외를 늘 고민하고 있지만, 시도와 경험을 통해 이제는 학교생활 속에서 우리만의 정답을 조금씩 찾아가고 있는 느낌이긴 합니다. 이제는 하루하루 학교 보내는 것에 대한 걱정과 우려가 점점 사라지고 있어요. 노심초사했던 마음은 마치 더부룩했던 속이 살살 가라앉는 느낌이거든요.

마음이네 가정에 당부한다면, 배려와 열외에 대해 꼭 선생님들과 상담을 통해 부모님들의 마음을 이야기하시기 바랍니다. 정답은 없지만 정답에 가까운 해법은 늘 어딘가에 있으니까요.

11

6학년까지 잘 다니려면?

6학년 중 1학년은 스타트 라인! 길게 보고 천천히 달려봐요.

시작이 반이죠. 입학을 했다면, 초등학교의 50%의 문턱은 넘게 된 셈입니다. 우리 마음이는 초등학교를 과연 어떤 목표로 다녀야 할까요? 참 어려운 일입니다. 그리고 어려운 목표 설정이기도 하죠. 더불어 수시로 그 목표 설정이 변경이 될 수 있는 유연함이 필요하기도 합니다. 아직 초등학교의 1년을 온전히 경험하지 못했다면 더욱이 그러할 것입니다. 조금은 천천히 성장하는 우리 마음이의 학교 적응과 학습, 사회성과 교우 관계 그리고 중학교 성장으로 이어지는 과정에 어떤 목표가 필요한지 생각해봐야 합니다.

먼저 우리 부모님의 목표입니다. 맞벌이로 생활을 하시는 가정도 있을 것이고, 초등학교 입학을 위해 누군가 잠시 직장을 내려놓는 가정도 있을 것입니다. 어떤 마인드로 아이를 뒷바라지할 것인가를 먼저 설정하셔야 합니다. 6년이란 시간 후 마음이의 성장과 함께 부모님 또한 자신만의 시간을 계획하셔야 합니다. 부모님의 몸과 마음이 건강해야 우리 마음이도 건강하게 성장하니까요.

초등학교 6년이라는 42.195km 거리의 마라톤에서 입학을 통해 막 스타트 라인 앞에 서 있는 우리 가정과 마음이입니다. 6학년 졸업을 통해 어떻게 성장해서, 중학교는 어떤 과정으로 진학을 해야 할지를 대략적이라도 고민하시고, 그 과정을 목표로 아이를 성장시켜야 합니다.

중학교는 특수학교로 진학할 것인지, 특수학급이 있는 중학교로 보낼 것인지, 초등학교를 발판삼아 완전통합의 교육으로 중학교에 진학할지의 현실적인 계획을 말이죠. 계획까지 세우는 것이 어려울 수도 있습니다. 그렇다면, 어떤 진학이 가능하다는 것을 미리 예측하면서 교내 선배 마음이의 성장 과정을 유심히 살펴볼 필요도 있습니다. 그리고 난 다음 아이의 생활 습관, 교우관계, 학업 성취 및 사회성 발달 계획을 학년마다 업데이트하시길 권장드립니다. 초등학교 1학년 때는 당연히 학교 적응이 1번이구요. 그리고 난 다음 교우관계, 사회성 발전과 학습 단계로 발전해야 합니다.

여기서 가장 중요한 것은 부모의 만족도가 아닌 우리 마음이의 행복입니다. 마음이의 발달 정도에 따라 우리 가정에서 세우는 우선순위의 목표는 다를 것입니다. 그럼에도 불구하고 가장 우선되어야 하는 사항은 마음이의 편안하고 행복한 학교생활입니다. 학교를 안 가겠다고 하는 아이는 다양한 원인이 있겠지만 기본적으로 학교가 불편하다는 사인입니다. 이러한 상황에서 아이의 학업, 사회성, 교우관계와 올바른 생활 습관은 만들어질 수 없습니다. 최우선적으로 학교가 편하고 즐겁고 행복한 곳이 되도록 만들어줘야 합니다.

학년이 올라갈수록 학교생활과 학원 그리고 특수치료 수업 병행의 비율이 달라집니다. 배워야 할 것은 많아지고, 발달센터 등 특수치료 관련 수업은 점점 줄어들 것입니다. 우리나라는 아직 특수치료 수업에 관한 포커스가 초등학교 저학년으로 제한된 곳이 많습니다. 하지만, 학교에서 다 배우지 못한 것은 분명 집중 치료, 집중 수업을 통해 꾸준히 잡아줘야 합니다. 이러한 계획들도 기관들 현황과 프로그램을 잘 살펴야 합니다.

마음이의 상황에 맞게 다음과 같은 심플한 목표를 추천드립니다. 차근히 생각하시면서 마음이의 학년별 계획을 잡아보세요.

- **학교생활**
  - 학교 결석 없이 1년 개근하기
  - 급식 맛있게 먹고 오기

- **교우관계 및 사회성 발달**
  - 친구네 집 다섯 번 방문해서 놀고 오기

– 짝꿍 친구 만들어서 동반 가족여행 세 번 이상 가기

• **학습 및 학업 성취**

– 한글 깨치기, 덧셈, 뺄셈 익히기

– 수업시간에 큰 소리로 책 읽기 발표하기

– 태권도 1년 동안 다니기

– 방과 후 학교 일과 엄마한테 표현하기

– 특수치료 집중 수업 비율 조정하기

– 학원 및 학습지 공부 도전하기

　도늬의 1학년 목표는 '잘 버티기'였습니다. 아이가 완전통합으로 학교에 등교하는데 5월까지는 가시방석이었습니다. 5월 이후 봄 날씨가 따뜻해지면서 마음도 조금 놓이기 시작했습니다. '아이가 학교 가기 싫다고 되돌아오는 일만 없게끔 하자'가 상반기의 목표였고, 그 이상으로 아이가 학교생활에 적응을 해주었습니다. 적응을 해주었다가 맞는지, 무던하게 다녔다가 맞는지는 모르겠습니다만, 학교 가기 싫다는 소리는 지금껏 하지 않는 걸 보면 학교가 불편하진 않다는 이야기로 해석합니다. 답답함, 소리에 대한 민감함, 엘리베이터 및 기계 장치에 대한 집착 등 아이가 갖고 있는 자폐 성향이 학교에서 어떻게 반향될지가 걱정이었죠. 머리 박기, 떼쓰고 소리 지르기 등의 탠트럼이 7살까지 수시로 발생했던 터라 긴장을 안 할 수가 없었습니다. 그래서 통합학급에서의 생활이 걱정되었지만, 무난하게 1년을 잘 생활해준 아들이었습니다. 이제는 등교 거부에 대한 걱정은 하나도 없습니다. 학교는 안 가면 큰일 나는 곳으로 인식하여 그 누구보다 시간 약속을 잘 지키며 학교 교문을 통과하는 아이로 학교 등교 습관은 자리 잡혔거든요. 우리 도늬가 학교 정문을 통과하면 무료로 사용하고 있는 '등하교 알리미'를 통해 학교 도착시간을 문자로 받고 있기 때문에 뒤따라가지 않아도 도늬의 동선을 확인할 수 있습니다.

　반면에 학년이 올라가면서 학습에 대한 격차와 친구 사귀기가 점점 어려워졌습니다. 코로나 시국 3년을 거치면서 사회적 거리두기로 인해 친구들과 소통하는 경험이 제한되면서 사회적 상호 작용 기술을 연습할 수 없었습니다. 여전히 마스크를 쓰고 생활하는 학교에서는 친구들과 대화하고 노는 것이 잘못된 행동이라는 인식이 있어 여전히 갈 길이 멀기도 합니다. 올해는 친한 친구 한 명 사귀기가 목표인데, 여전히 코로나라는 괘씸한 병균 때문에 학교에서 소통하기가 많이 어렵네요. 도늬는 매년 하나 이상의 계획을 세워 학년을 준비하고, 그 계획은 수시로 수정하고 개선하며 성장합니다. 한 번에 딱 들어맞는 목표와 계획이 수립되면 좋겠지만 그렇지 않다는 게 현실이거든요.

꼭, 우리 마음이의 학년별 목표와 계획을 준비해보세요. 그리고 그 목표를 학교와 주변에도 알려서 같이 이끌어낼 수 있도록 해보시면 어떨까요?

그 시작이 중요할 것입니다.

입학 전 부모님들의 걱정과 고민, 전부 풀어드립니다!

처음이라 궁금한
초등학교 A to Z 들여다보기

담임 선생님에게 우리 마음이를 어떻게 소개해야 할까요?

천천히 성장하는 마음이의 적응을 위해, 엄마 아빠의 태도도 중요합니다.
선생님은 아이의 수준뿐만 아니라
부모님의 모습을 통해 아이를 바라봅니다.

우리 마음이가 특수교육대상자라면 마음이를 살펴봐주시는 선생님은 2명입니다. 담임 선생님과 특수학급 선생님께서 교실과 특수학급에서 우리 마음이를 가르칩니다. 그런데, 왜 특수학급 선생님은 마음이의 성향을 잘 아실 것 같은데, 담임 선생님은 모를 것 같은 생각이 들까요? 담임 선생님은 20여 명의 전체 아이들을 통솔하셔야 하기에, 우리 마음이를 어떻게 생각하는지가 궁금해질 것입니다.

혹시, 우리 담임 선생님은 마음이에 대하여 잘 모를 것 같다는 마음이 크게 드시나요? 그렇다면, 주저하지 마시고 먼저 우리 아이를 더 적극적으로 소개해주세요. 앞서 언급하였지만, 마음이의 성장과 발전을 위해서는 담임 선생님에게 전달하고 싶은 이야기를 서면으로 적어서 제출해주세요. 아이가 갖고 있는 병명, 장애진단, 특수치료 수업 현황 등 알릴 수 있는 범위 내에서 기입해주세요. 그리고 아이의 성향에 대해서는 좀 더 구체적으로 작성하여 선생님이 수업 혹은 친구들 간의 관계에 참고할 수 있게 해주실 것을 권장드립니다. 마음이의 원활하지 않은 의사표현으로 예의 없는 아이로 보여질 수도 있고, 낯을 가리는 성향에 할 수 있는 영역임에도 부끄러워 못 하는 아이의 자존감을 일으켜주려면 담임 선생님께서 충분한 정보를 갖고 계셔야 상황에 맞게 마음이도 다른 아이들처럼 잘할 수 있는 아이라는 것을 보여주면서 마음이의 자존감과 친구들의 동질감을 같이 챙겨주실 수 있을 것입니다.

특히 마음이가 갖고 있는 음식에 대한 거부 반응과 병원 진료에 따른 약 복용 및 치료 내용도 공유해주세요. 물론 약은 담임 선생님께서 직접 먹여주지 않습니다. 유치원에선 약을 먹여주지만, 아주 특별한 상황이 아니고서는 학생 스스로 복용합니다. 따라서 약 복용은 반드시 가정에서 잘 챙겨주시거나 마음이에게 혼자 할 수 있는 방법을 알려주어야 합니다.

그리고 마음이의 포트폴리오를 서면으로 작성하여 누구나 쉽게 볼 수 있게 정리해서 제출을 해주세요. 포트폴리오 작성 사례는 6장에서 설명드릴게요. 3월 상담 시점에 전달하는 게 가장 일반적이지만, 더 시급하게 알려야 하는 사항은 예비소집일 또는 별도로 학교 방문 일정을 잡아 제출해주셔도 됩니다. 이런 내용들은 마음이네 가정뿐만 아니라 일반 비장애 친구들 부모님들도 하는 방법이기도 합니다. 어색해하지 마시고 1학년 1학기에는 조금 적극적인 모습으로 선생님께 다가가셔도 됩니다. 그리고 매년 업데이트하여 마음이 성장을 기록하시며 활용하시기 바랍니다.

느리다고 담임 선생님이 싫어하진 않겠죠?

마음이가 느리다고 좋아하진 않을 거예요. 그럼, 싫어하지는 않게 해야죠!

이 질문에서는 결론부터 답을 내리고 시작하겠습니다. 마음이가 배정 받은 반을 맡게 된 것을 담임 선생님은 한사코 싫어하진 않겠지만, 그렇다고 결코 좋아하시진 않을 것입니다.

초등학교 1학년 담임 선생님은 총 6개 학년 선생님 중 가장 바쁜 3월을 준비해야 하고 정신없이 3월을 이겨내야 하는 숙제를 갖고 있습니다. 각학교마다 각 반의 정원은 다르지만 남녀 수십 명의 천방지축, 올망똘망한 1학년 아이들보다 사실 더 두려운 존재는 학부모님들이시죠. 학교에 건의, 의견 제시 등도 가장 많이 하는 그룹이 1학년 학부모님들입니다.

그만큼 1학년 친구들의 학교 적응과 담임 선생님에게 기대하는 것도 높은 1학년 학부모입니다. 그러나 현실은 담임 선생님도 직장인으로서 의무를 다하고 있는 사람이란 것을 잊지 말아야 합니다.

1학년 교실에서는 학급 내 리스크를 최소화하는 데 집중하는 경향이 있습니다. 그 중에 우리 마음이가 있을 것이고요. 담임 선생님 입장에서는 마음이가 교실생활을 잘 따라오지 못하면 본인 스스로도 어디까지 아이를 기다려줘야 할지, 어떻게 챙겨서 이끌어줘야 하는지를 고민하는 번뇌의 인간으로 변하게 될 것입니다. 거기에 추가로 학부모님들의 건의, 고충 토로 등 직간접적인 연락이 이어진다면, 매일같이 아이들을 사랑스러운 마음으로 봐줄 수 있을까요?

가장 중요한 건 아이의 느림이 아닌, 학부모님과 관계에서의 긍정적인 신뢰입니다. 우리 마음이가 느리고 조금은 부족하다는 건 진단으로 증명이 된 것이고, 특수교육대상자로 선정되었기에 충분히 기다려줄 수 있고 아이 성향에 맞게 학급 운영도 계획하실 것입니다. 그러나 학부모님들의 민원, 불신, 일방적인 요청 등이 자주 반복된다면 우리 마음이에 대한 관심을 변화시킬 수 있습니다.

마음이를 아주 사랑스럽게 좋아하진 않아도 싫어하지 않게 해주는 것, 우리 부모님들의 태도임을 명심하시길 바랍니다. 담임 선생님의 따스한 한 번의 손길과 관심으로 우리 마음이는 오늘도 친구들 사이에서 한 번 더 배려받고 용기를 얻을 수 있기 때문입니다.

저는 1학년 담임 선생님께 저도 모르게 죄송하다고 했어요. 저도 현장에서 수십 명의 아이들을 가르쳐본 교사 입장에서 먼저 이해가 되어서 저도 모르게 불쑥 튀어나온 말이었습니다. 1학년 학기 초 손 갈 곳이 한두 군데가 아닌데, 그 중에 가장 어려운 아이를 맡게 되었다고 말씀을 드렸었습니다. 다행히도 담임 선생님께서는 도느 말고도 경계성 친구들도 있고, 의사소통이 원활하지 못한 친구들도 눈에 보인다면서, 되레 걱정하지 말라고 안심시켜주셨습니다. 담임 선생님도 저희와 같은 아파트 단지에 거주하셨기에 오며가며 우연히 마주쳐 인사드린 적이 많습니다. 그럴 때마다 남편과 아이들 모두 꾸벅 인사를 하면서 도느로 인해 노고가 많다는 인사로 서로의 안부를 묻곤 했었습니다. 3월 초 부모님들은 담임 선생님에게 최상의 예의를 갖추다가 학기가 점점 무르익어가면서 그 예의가 조금씩 낮아지는 경우가 많습니다. 하지만, 저희는 마음가짐을 절대 내려놓지를 않았습니다. 손이 많이 가는 아이를 맡기는 부모입니다. 잊지 마시고 긍정적 관계를 꼭 유지해주셔야 합니다!

학부모 반모임에 나가면 어떻게 할까요?

아이가 느리다고 엄마 아빠까지 움츠러들지 마세요! 절대로!

학부모 모임은 학부모 총회 후 이뤄집니다. 여기서 학부모 총회를 잠시 설명해 드리면, 매년 3월에 학년별 담임 선생님이 전체 학부모님들을 대상으로 학기별 수업 계획과 아이들과의 생활 이야기 그리고 전달 및 당부 말씀을 이야기하기 위해 진행됩니다. 그리고 통상 학부모 총회가 끝나면 학부모 모임을 갖게 됩니다. 1학년은 80%~95% 학부모가 학부모 총회 및 학부모 모임에 참여합니다. 왜냐하면 자녀의 1학년 입학과 관련하여 걱정되고 궁금한 것이 많은 동병상련의 마음으로 소통을 시작할 수 있는 기회이기 때문입니다.

1학년 학부모 총회는 마치 대학교 신입생 오리엔테이션과 같은 느낌을 줍니다. 대학 OT 때에는 어떤 친구들이 함께하는지, 어떤 옷을 입고 왔는지 등을 살펴본 것처럼, 1학년 학부모 모임도 크게 다를 바가 없습니다. 다만 우리 아이들이 속한 반에 어떤 엄마들이 속해 있는지를 살피고, 그 자리에서 어떤 아이와 친해지고 어떤 엄마와 소통하여 짝꿍을 만들어 줄지를 서로 체크합니다. 간혹 어떤 가정이 좀 괜찮은 집인지, 어떤 가정 환경에서 지내는지를 눈치껏 살피는 경우도 있습니다. 이 부분은 각자의 상상에 맡기겠습니다.

우리 마음이네 가정에서도 학부모 모임에 참석하실 것이고, 이때 우리 아이를 소개하는 마음가짐을 가져야 합니다. 물론 우리 아이가 천천히 성장하고, 학습이 부진하다는 것을 공개적으로 이야기할 필요는 없습니다. 사실 그런 발언의 기회가 제공되는 분위기의 반모임도 아닙니다. 왜냐하면 반 전체 보호자가 참석은 할 테지만, 카페 등에서 진행되기에 테이블마다 삼삼오오 모여서 우리 아이와 다른 아이의 성장을 비교하고 정보를 나누기 때문입니다.

여러분은 같은 반 학부모들에게 우리 마음이를 어떻게 설명하실 건가요? 혹시 그 자리에 나온 같은 반 친구 보호자들이 어떤 마음으로 참석할지 생각해보셨을까요? 먼저, 우리 아이에게 필요한 부분이 무엇인지 생각하셔야 합니다. 이날을 잘 준비하면 우리 마음이에게 소중한 친구가 생기게 되는 날이 될 수도 있고, 보호자는 1학년 학부모라는 조금은 두려운 마음을 나눌 수 있는 동료가 생기는 날이 될 수도 있을 것입니다.

1학년은 아이들끼리 친구 맺기가 서투른 나이입니다. 우리 마음이는 학교생활과 행동이 더욱 서투르기에 보호자가 마음이를 위해 같은 반 학부모들과 친밀감을 형성하여 친구들 무리 속에 아이를 노출시켜줘야 합니다. 우리 마음이가 느리다고 우리 부모님들이 소극적일 필요는 없습니다. 모든 1학년은 서투르기 때문입니다. 우리 아이의 늦음을 이야기하고, 이 학교를 선택한 이유와 어떤 목적을 가지고 학교를 다닐 것인지에 대해 이야기할 때 다른 학부모들도 본인 아이들의 늦음과 서투름을 이야기하며 공감해줄 수 있을 것이기 때문입니다.

반 모임을 통해 학부모들 간 소통과 교류의 시작의 물꼬를 튼 후 다양한 정보를 습득하고 우리 마음이와 하루 패턴이 다를 수 있는 아이들의 일과도 간접적으로 체크하여, 같은 반 친구들과 함께 어울릴 수 있는 상황을 파악할 필요가 있습니다. 학교 안에서는 서먹하였던 아이들도 엄마들 간의 모임을 통해 서로 친해지는 게 1학년 때 친구 맺기의 시작이기도 합니다. 1학년의 학부모는 모든 것이 궁금합니다. 이 중에는 맞벌이하는 가정도 있고, 고학년 자녀를 키우는 가정도 있습니다. 내가 아는 정보를 공유하고 모르는 정보는 습득해야 합니다.

가능하다면 연락처도 공유하여 우리 마음이가 놓친 부분에 대하여 더블 체크하여 물어볼 수 있는 다른 가정의 학부모님과 소통하시기 바랍니다. 아마 빠른 시일 내 마음이 반 친구 중 3월생 친구의 생일 파티가 있을 수 있습니다. 그러한 모임에도 참여하여 학교 안에서의 마음이의 모습과 학교 밖에서의 모습도 지속적으로 노출시켜주는 연습이 필요합니다.

마지막으로 마음이처럼 천천히 성장하는 아이를 충분히 이해하는 가정과 더욱더 관계를 맺으세요. 학급 내 우군이 되는 친구, 가정이 있다는 것은 참 편안한 마음으로 마음이를 학교에 보낼 수 있는 힘이 되기도 합니다. 모든 가정이 마음이를 모두 이해해주지 않을 수 있습니다만, 분명히 수십 명의 친구 중 마음이를 더 챙기고 이해하는 친구 그리고 가정이 있을 것입니다. 그런 친구나 가정과는 더욱더 친밀하게 오랜 친구 사이를 만들어야 합니다. 세 살 버릇 여든 간다는 말처럼 1학년 때부터 조금 다름이 있는 마음이를 보고 생활한 아이와 가정은 커서도 충분히 다름을 이해하며 함께할 수 있을 것입니다.

저는 1학년 도늬네 반 대표를 하였습니다. 그래서 학부모 총회 때 반전체 연락처를 받아 단톡방을 개설하고 학부모 모임을 주선하였습니다. 이후 소모임이 형성되어 같이 여행도 다니고, 각 가정에서 친구들을 초대하면서 도늬의 학교생활에 대하여 간접적으로 정보를 수집할 수 있었습니다. 저는 자연스럽게 반모임에서 가깝게 앉아 있던 어머님들께 도늬의 발달적 특징을 소개하였습니다. 이유는 우리 반에 특수교육대상자가 있다는 걸 이미 몇몇 학부모들은 알고 있었습니다. 그 아이가 누구인지도 궁금해하는 학부모도 있었을 것이기에 그것을 감춰가며 아이의 학교생활을 유지하고 싶지 않았습니다. 그래서 반대표를 하겠다고 적극적으로 나섰습니다.

같은 반에는 도늬 외에도 경계성 친구가 있었습니다. 장애진단은 도늬뿐이었지만, 발달 지연 등으로 학습 부진을 걱정하는 엄마들이 서로를 공감하며 격려하는 분위기가 자연스레 형성되었습니다.

어떤 가정은 우리 도늬와 같이 느리게 성장하는 아이랑 어울리지 않으려는 게 느껴지기도 했습니다. 말을 하지 않아도 눈빛으로 감정이 보였습니다. 애써 서운해할 필요도 없었고, 싫은 내색도 하지 않았습니다. 충분히 그럴 수 있었다고 생각했기 때문이죠. 이렇게 아이도 부모도 새로운 사회에 적응하는 법을 배우는 것이라고 생각했습니다.

다행히, 도늬의 상황을 잘 이해해주는 학교 친구들과 교회 친구 등으로 친목이 형성되어 지금까지도 도늬와 여늬와 함께 즐겁게 학교생활을 하고 있습니다. 중요한 것은 그 시작은 학부모 모임이었다는 것이죠. 학부모 모임을 시작으로 아이와 학부모들 간의 친목을 쌓아가야 합니다.

엄마가 학교에 어디까지 개입, 협력할 수 있나요?

학교에 요구할 수 있는 권리, 반드시 스스로 당당하게 받으세요.

다만, 지나치지 않게요.

입학하면 학부모님들은 마음이 손을 꼭 잡고 함께 등교하게 될 것입니다. 3월의 초등학교 등교 시간의 교문 앞은 문전성시를 이룹니다. 보안관 선생님께 인사를 하고 오늘도 교장 선생님이 우리 아이들의 등교를 지도해주시며 교문 앞 학부모님들과 눈인사로 반갑게 맞이해주십니다. 과연 우리 마음이는 학교 교실을 잘 찾아 들어갈까요? 자기 자리에 앉아 가방은 잘 걸어놓을 수 있을까요? 수업시간과 쉬는 시간은 어떻게 보낼까요? 선생님 말씀을 잘 들을까요? 마음이로 인해 수업에 방해되는 일은 없을까요? 등 우리 마음이는 부족함 투성이라고 생각하실 것입니다. 그래서 마음 같아선 1학년 교실 창문 너머로 우리 마음이의 하루 일과를 살펴보고 싶으실 것입니다. 아니면 우리 아이만 바라볼 수 있는 CCTV라도 있었으면 하는 마음이겠지만, 아직은 학교 인권 차원에서 결코 허락될 수 없는 영역입니다. 당연히 우리 마음이에게는 돌봄이 필요합니다. 선생님의 말씀을 한 번에 이해하지 못하고, 전달된 내용을 아는지 모르는지 흘러가게 되고, 착석이 어렵고 불편해서 자리를 이탈하는 행동에 다른 아이들의 불편함도 야기할 수 있습니다.

자, 한 달 동안은 우리 마음이의 학교생활을 관찰해주세요. 3월 한 달간은 마음이도 같은 반 친구들도 선생님도 적응을 위한 알아가기 수업이 진행됩니다. 그리고 부족한 부분, 손길이 필요하다면 먼저 담임 선생님과 특수학급 선생님을 통해 요청하면 적절한 방법을 찾을 수 있습니다. 교내 사회복무요원 배치 등을 지원받으실 수도 있습니다. 학교마다 차이는 있지만 1학년의 경우 교육청으로부터 학습 보조를 위한 협력교사 배정을 받아 고정으로 2인 체제의 교사 시스템으로 운영되는 경우도 있습니다. 특수교육대상자로 선정된 마음이는 특수교육실무자를 신청하여 지원받을 수도 있습니다. 최근에는 교내에 마음이에게 지원할 수 있는 손길을 마련하기 힘든 상황일 때 담임 선생님과 학교장의 승인을 받고 활동보조센터를 통해 지원받는 활동보조 선생님이 교실에서 마음이를 챙겨주는 사례가 늘고 있습니다. '학교 내 활동지원 인력 지원 승인 신청서'를 통해 진행이 가능하니, 마음이의 학습 및 학교생활 지원이 필요하다면 꼭 학교 선생님과 상의하여 진행해보세요.

혹시라도 마음이가 낯선 사회복무요원이나 보조 선생님의 손길을 더욱더 거부할 때에는 마지막 방법으로 부모님 호출이 진행될 것입니다. 마음이로 인해 수업 진도가 불가하고, 다른 아이들의 안전과 학습 방해 등으로 다른 보호자들을 통해 민원이 발생된다면, 모두의 안전을 위해 부모가 학교 내에 상주하여 아이의 긴급 상황을 살펴야 합니다. 학교 입장에서 수업시간에 학부모가 상주한다는 것은 결코 쉬운 선택이 아닙니다. 형평성과 다른 친구들의 시선 그리고 선생님의 부담 등 많은 부적응적 상황이 발생될 수 있기에 마음이가 아주 중대한 사건이나 지체장애에 따른 관리가 필요한 경우가 아니고서는 부모님의 학교 내 입장을 허락하지 않습니다. 따라서 그 기간이 절대 길어질 수는 없습니다. 학교에서도 빨리 마음이가 학교에 적응하기 위해 일시적 방법으로 허용한 것이니까요. 마음이의 학교 적응을 위해서는 학교 입학 후 마음이와 보호자 간 분리 시기는 확실하게 구분을 해야 합니다. 그리고 부모님들도 학교에 등교한 시간만큼은 경제적 활동이나 가사 및 휴식을 취하시면서 충분히 자기만의 시간을 갖는 것이 매우 중요하기에 꼭 권장드립니다.

탠트럼이 있어요.
아이들이 왕따 시키진 않을까요?

탠트럼에 대하여 선생님께 미리 알려드리면 모두의 당황을 조금은 줄일 수 있어요.

조금은 다른 패턴을 갖고 있는 우리 마음이입니다. 이러한 다름이 다른 친구들에게 전혀 피해를 주지 않는다면 학교생활에 전혀 문제되지 않을 것입니다. 하지만, 이러한 행동에 민감한 1학년 친구들도 분명히 반에는 있을 수 있습니다. 우리 마음이가 소리와 냄새, 빛 자극 등에 더 민감하게 반응하는 것처럼 다른 친구들 중에도 마음이의 다른 행동, 언어, 표정에 불편함을 표시하고 선생님께 이야기를 하거나 귀가 후 엄마에게 이야기하여 결국 민원이 발생하는 경우가 생기게 될 수도 있습니다.

아이가 소리를 지르거나 이상한 행동을 할 수 있습니다. 이러한 모든 상황을 탠트럼이라고 할 수는 없습니다. 우리 마음이의 일상생활 중 루틴적인 행동일 수도 있죠. 탠트럼은 마음이가 몸이 불편하거나 생각과 환경이 답답해서 짜증 나는 상황에 소리 지르기, 울기, 드러눕기, 자해 행동, 폭력성 등으로 표출되는 것입니다. 어릴 땐 지금보다 더 심했을 수 있지만, 충분히 학습을 통해 과거보다는 더 개선이 되었기 때문에 학교 입학을 결정한 마음이입니다. 탠트럼은 마음이들뿐만 아니라 비장애 친구들 중에도 욕구 충족의 표현으로 발현되기도 한다는 거 알고 계시죠?

탠트럼은 충분히 나올 수 있습니다. 가정에서든 학교에서든 놀이터에서든 불편한 마음을 표현하는 방식이기 때문입니다. 의사소통이 제대로 안 되는 경우 더 심하게 나타납니다. 따라서 가정에서 우리 아이의 탠트럼의 성향, 대처 방법에 대하여 사전에 선생님께 안내를 해주셔야 합니다. 처음 이 상황을 맞이하는 선생님과 친구들은 놀랄 수밖에 없거든요. 마음이가 갖고 있는 감각 통합의 어려움, 예민함을 이야기해주세요. 문 여는 소리, 스피커 소리, 친구들이 실내화 끄는 소리, 칠판 지우는 소리 등 모든 사항에 괴기한 행동과 울부짖는 소리로 반응한다면 친구들은 당연히 문제행동이라고 오해할 것입니다. 마음이의 탠트럼을 본 친구들은 마음이를 다르게 생각하게 됩니다.

이때, 가장 중요한 역할은 담임 선생님입니다. 누군가는 마음이를 진정시켜주고 다른 아이들에게도 표현 방식의 다름을 설명해줘야 하기 때문입니다. 아이도 탠트럼 후 의기소침해질 수 있습니다. 주변의 시선을 충분이 인식하기 때문입니다. 스폰지처럼 모든 걸 흡수하고 뱉어내는 초등 1학년 친구들에게 반드시 눈높이에 맞는 교육을 진행해야 합니다. 마음이의 짜증에 이유가 있음을 안내하고, 선생님들의 도움으로 다시 아이들과 거리를 좁혀줘야 합니다. 장애안식교육 등 특수교육지원청의 지원 프로그램 등이 학기 초 이뤄져야 하는 이유이기도 합니다. 담임 선생님의 부정적인 시선만 아니라면 기다림으로 충분히 학교 적응을 이끌 수 있습니다.

도늬는 탠트럼이 다행히 어느 정도 잡힌 상태에서 학교에 입학을 하게 되었습니다. 유치원 시절에는 탠트럼으로 좀 고생을 했던 기억이 있죠. 교실 내에서 불편함과 답답함에 울고불고 난리치는 도늬를 지켜보다가 어느 정도 가라앉으면 옆에 와서 울지 말라고 달래주는 친구들을 본 적이 있습니다. 물론 선생님들께서 더 아이를 챙겨주신 덕분에 아이도 교실 내 탠트럼이 빠르게 소거되었습니다. 그리고 선생님들의 관심에 친구들도 측은함과 애정의 눈빛과 호기심도 섞인 관심으로 도늬의 상황을 이해해주는 사례를 경험하였습니다.

선생님들의 역할이 중요합니다. 1학년 친구들에게 담임 선생님은 여전히 절대적인 영향력을 주시기 때문입니다. 담임 선생님의 대처가 가장 중요함을 느꼈고, 매년 학년이 오를 때마다 다름이 있는 도늬에 대해 꼭 설명드리고 당부드리면서 느리지만 계속 학교생활에 적응해나가는 도늬입니다.

한 아동이 본인이 하기 싫은 발표 시간에 한 친구를 공격했습니다. 다른 한 아동은 도움반 선생님 얼굴을 주먹으로 공격했습니다. 전자의 경우는 과제 회피(발표를 하기 싫었음)의 경우였고, 후자의 경우에는 관심을 받기 위해 일으킨 문제행동이었습니다.

탠트럼은 신중히 고려해야 할 부분입니다. 학교에서 우리 아이에게 탠트럼이 어떤 상황에 누구에게서 나왔는지, 이후에 어떠한 후속 결과(대처)가 있었는지 확인해야 합니다. 분명히 아동마다 원인(요구하고 싶었던 것, 피하고 싶었던 것, 관심을 받고 싶었던 상황, 자기 자극(상동행동))이 있었기 때문에 탠트럼을 보였을 것입니다. 무조건 달래주거나, 혼을 내거나, 하기 싫어한 과제를 하지 않도록 열외시켜주는 방법 등으로 탠트럼을 감소시킨다면 일시적인 감소일 뿐입니다. 본인이 원했던 것을 얻지 못할 때면 탠트럼은 다시 일어날 것입니다. 반드시 탠트럼에 대한 대처는 '담당 선생님, 특수교사, 학부모, 활동보조 도우미 선생님'과 상의하여야 할 부분입니다. 문제행동이 심각할 경우에는 ABA(Applied Behavior Analysis : 응용행동분석)도 고려해야 할 것입니다.

친구들을 집으로 초대하기 YES or NO

친구들뿐만 아니라 엄마들도 같이 초대해보세요.

우리 마음이의 부족함은 어떻게 극복해야 할지 고민이 되실 것입니다. 친구들과 학교 교실에서 교감하지 못한 부분을 매일 친구네 집에 놀러가든가, 친구들을 집으로 초대해서 교감을 형성하고 친구 교우관계의 라포를 형성해주고 싶은 게 부모님들의 머리와 가슴 한편에 드는 생각과 마음일 것입니다. 결론적으로만 말씀드리면, 1학년 때에는 더 많이 노출시켜주는 것을 권장합니다. 학년이 올라갈수록 점점 더 친구들이 학원 등 학업에 집중하게 되어 어울릴 수 있는 시간이 부족해집니다. 부모님들께서 학교에서 교감하지 못한 교우관계를 위해 노력을 하신다면, 친구들을 집으로 초대를 하세요. 이때, 중요한 건 친구들의 부모님들도 같이 초대를 하셔서 간식도 대접하고 티타임을 가지면서 라포를 형성해주세요. 마음이의 성장 스토리도 같이 공유해주시면 좋습니다. 충분히 이해하는 가정의 친구 그리고 학부모님들이 계실 것입니다. 가정환경에 따라 초대 여부가 달라질 수도 있겠지만, 1학년 때부터 형성된 교우관계와 학부모 모임은 은근 끈끈하게 형성됩니다. 그리고 아이의 다름을 설명도 하시면서 학교 안에서의 우리 마음이의 우군이 될 수 있게 해주시는 것을 권장 드립니다.

그렇다고 과도한 애정 표현과 물량 공세를 통해 친구들과 부모님들의 환심을 사야 한다는 것은 아닙니다. 그러면 심적으로도 비용 면에서도 부담일 것입니다. 집으로 초대를 권장하는 이유는 마음이가 어느 곳보다 가장 편안하게 놀 수 있는 곳이기 때문입니다. 물론 마음이가 가장 편하고 즐겁게 놀면서 표현력이 좋은 곳이 바깥 놀이터이면 놀이터에서 같이 만나 어울림을 하셔도 됩니다. 낯선 환경에 적응할 시간이 좀 더 필요한 마음이에게 친구들과 어울릴 수 있는 최적의 장소에서 자주 노출시켜줘야 친구들도 학교에서 다르게 행동하기도 하는 마음이를 편안하게 봐줄 수 있을 것입니다.

반 편성에 대한 의견을 선생님께 말씀드려도 될까요?

같은 반이 되고 싶은 짝꿍 친구가 있다면, 적극적으로 요청하세요.
물론, 짝꿍 친구 부모의 동의가 필요합니다.

"기왕이면 아는 친구랑 같이 학교를 다니면서 그 친구 엄마랑 자주 소통하며 공유했으면 좋겠다."라는 생각으로 초등학교 입학을 준비합니다. 먼저 학교마다 조금씩 다른 기준으로 반 편성 기준을 세웁니다. 남녀 비율, 이름, 생년월일, 성적, 특수교육대상자 인원 배분 등이 보통의 기준입니다. 친구들 간의 친밀도를 기준으로 반 편성을 할 가능성은 아주 낮기에 학년이 올라갈 때마다 누구랑 같은 반이 되고 어떤 담임 선생님을 만나게 될지가 초미의 관심사가 됩니다.

그렇다면, 1학년 입학 학급 배정 시 우리 마음이의 학교 적응에 도움을 줄 수 있는 짝꿍 친구와 같은 반으로 편성해줄 것을 학교에 제안할 수 있을까요?

　결론을 먼저 말씀드리면, '가능하다'입니다. 앞에서 마음이의 학교 적응에 필요한 부분을 서면으로 작성하여 입학 전에 학교에 방문하는 것을 권장드렸습니다. 바로 이때, 1학년에 입학하는 친구 중에 같은 반을 하고 싶은 친구에 대해 학교에 정중히 요청드리면 됩니다. 학교에서 '당연히 해드리겠습니다.'라고 확답을 주지는 않지만 큰 무리가 없다면 요청을 받아들여줍니다. 학교 적응에 도움이 될 수 있는 친구가 곁에 있다는 것은 큰 의미가 있습니다. 마음이도 부모님도 소통하는 창구를 더 마련할 수 있기 때문입니다.

　마음이의 경우 특수학급에서의 생활과 통합학급에서의 생활을 하루에도 몇 번씩 오가며 해야 하는 경우가 있습니다. 이러한 상황이 경우에 따라서 학교 적응에 더 어려움을 발생시키는 경우도 생기게 됩니다. 혼란스러울 수 있는 상황이죠. 이럴 때 통합학급 내 유치원이나 교회 등 유아 시절부터 친하게 지낸 친구가 있다면 조금 더 마음의 위안을 삼으며 학교생활을 할 수도 있고, 또한 짝꿍 친구가 마음이의 상황을 때로는 친구들에게 설명도 해주는 역할을 해줄 때 친구들과의 가교 역할의 메신저로 마음이의 학교 적응에 충분히 도움을 줄 수 있습니다.

물론 짝꿍 친구 학부모로부터 동의가 반드시 필요하죠. 짝꿍 친구도 서투른 1학년이니까요. 가족 간 교감이 있고 친구 간 라포 형성이 되어 있다면, 1학년 반 배정 확정 시 마음이의 학교 적응을 위해서라는 전제하에 학교에 무리하지 않는 선에서 짝꿍 친구와의 같은 반 배정을 요청해 보심을 권장드립니다.

도늬는 입학 시, 반 배정에 두 가지 요청을 드렸습니다. 물론 두 가지를 학교 측에서 모두 받아주셨으며 그래서 1학년에 더 잘 적응할 수 있었습니다. 도늬에게는 인기리에 방영되었던 자폐발달장애 변호사 주인공 이야기 〈이상한 변호사 우영우〉에 나온 주인공 우영우(박은빈)의 친구 동그라미(주현영)와 같은 친구가 있습니다. 유치원 때부터 같은 유치원을 다니고 같은 아파트 단지에 살면서 친하게 지낸 친구입니다. 늘 유쾌하고 도늬의 이상 행동을 너그럽게, 때로는 형처럼 꼬집어주면서 지금도 자전거도 같이 타고 가족 간 모임도 함께하는 친구입니다. 질문도 먼저 걸어주고, 대답이 이상하게 나올 땐 그렇게 대답하면 친구들이 이상하게 본다고 이야기해줄 정도로 도늬에게는 더할 나위 없이 좋은 친구죠. 학교 측에 이 친구와 같은 반 배정을 요청드렸습니다. 물론 사전에 짝꿍 친구 가정에도 상황을 설명하여 협조를 구했습니다. 그래서 같은 반에 배정되었고, 그 친구 덕분에 보다 안정적으로 1학년 생활을 시작하고 적응해나갈 수 있었습니다.

그리고 두 번째는 쌍둥이 동생과의 다른 반 배정이었습니다. 한편으로는 같은 반이면 숙제도, 준비물도 동일하여 수월히 학교 뒷바라지를 할 수 있었겠지만, 서로 반을 분리해줌으로써 서로 다른 친구도 만나고 담임 선생님 간의 다른 학습 운영 등을 보면서 상호 보완할 수 있었기 때문입니다. 5학년에 올라선 쌍둥이들이 아직까진 같은 반을 한 적은 없지만, 유치원, 어린이집 시절엔 늘 같은 반에서 생활하며 서로를 챙기고 살피곤 했답니다. 감사하게도 학교 측에선 이 모든 상황을 이해해주셔서 성공적인 1학년 학교 적응을 할 수 있었습니다.

학교에서 우리 아이를 바라보는
시선이 궁금해요

우리 마음이를 모두가 응원하는 마음으로 바라봐주진 않아요.
학교는 절대 사회복지기관이 아니에요.

마음이는 우리 가정에서는 가장 사랑과 관심을 많이 받고 자란 아이일 것입니다. 그럼 학교에서도 우리 마음이를 가정에서처럼 더 신경 써주고 노심초사하며 바라봐주는지가 궁금해질 것입니다. 가정에서처럼 학교에서도 우리 마음이에게 더 많은 관심과 사랑으로 학교 친구들과 생활에 적응을 잘할 수 있게 보살펴주기를 희망하시겠지만, 학교는 각기 다른 수십 명, 수백 명의 친구들이 함께 단체로 생활하는 교육기관이기에 분명히 한계가 있습니다.

그럼, 학교에서는 우리 마음이를 어떤 시선으로 바라볼까요? 담임 선생님, 특수학급 선생님, 협력교사 및 사회복무요원이 우리 마음이를 보는 시선은 조금씩 차이가 있을 수 있습니다. 각 선생님마다 본인이 맡은 영역과 환경에서의 우선순위가 있기 때문입니다. 담임 선생님은 마음이도 중요하지만 한 반의 모든 학생의 안전과 교육, 학교 적응에도 초점을 맞추실 겁니다. 특수학급 선생님은 마음이의 특성에 따른 개별적 지원을 계획할 때 다른 마음이와의 형평성도 고려하실 겁니다. 협력교사 및 사회복무요원은 우리 마음이만 봐주는 역할 외에 학교의 다양한 크고 작은 일을 해야 하기에 마음이에게 온전히 집중하지 못하는 경우도 비일비재할 것입니다.

그렇다면, 간접적으로 마음이와 교감하는 다른 선생님들은 어떠실까요? 교장, 교감 선생님을 비롯하여 상담 선생님, 보건 선생님, 영양사 선생님 등 학교에 늘 상주하시지만 우리 마음이와 수업을 하지 않는 선생님들은 마음이의 특성을 자세히 모르실 수밖에 없습니다.

마음이와 함께하는 시간이 별로 없기 때문에 직접적으로 특징을 파악하실 기회도 없을뿐더러 마음이를 포함한 전교생을 대상으로 지도하시기에 특별한 계기가 없다면 깊은 관계를 맺는 경우는 드문 편입니다.

학교에 계신 모든 선생님, 관계자님들이 우리 마음이를 한 번은 더 쳐다봐주시고 헤아려주시는 건 맞습니다. 다만, 우리 가정에서 지속적으로 꾸준히 챙기는 것처럼은 현실적으로 한계가 있기에 학교에서의 우리 마음이에 대한 애정의 관심과 시선이 항상 100%라고 바라신다면 너무 큰 기대입니다. 그러나 우리 가정에서는 100% 관심도의 선생님을 만나고자 노력해야 합니다. 바꿔 말하면 우리 마음이에 대한 관심도를 더 우호적으로 높일 수 있도록 하겠다는 마음가짐으로 학교와 소통해야 하는 것이죠. 때로는 마음이를 바라보는 시선에서 서운함을 느끼실 수도 있으나, 서로 다른 입장과 환경 차이가 있을 수 있음을 생각하시며 우선 마음을 다잡아보시기 바랍니다. 마음이도 우리 가정도 보다 긍정적인 시선으로 소통하며 우리 마음이가 안정적으로 학교 적응이 될 수 있게 노력해주시기 바랍니다.

6

비장애 형제, 자매와 같은 학교를 보내야 할까요?
다른 학교를 보내야 할까요?

마음이에게 쏠린 관심, 다른 자녀에게도 똑같이 신경을 써줘야 합니다.

우리 마음이는 사랑스러운 아픈 손가락입니다. 아무리 예쁘게 포장해도 다른 손가락보다는 아무래도 손이 더 가고 관심도, 신경도 더 쏠릴 수밖에 없는 이유이죠. 열 손가락 깨물어 안 아픈 손가락 없다 하지만, 그중에 더 아픈 손가락이 우리 마음이들입니다. 많은 가정에서 비장애 형제자매와 우리 마음이를 같은 학교로 보내야 하는지 다른 학교로 보내야 하는지에 대해 고민을 합니다.

같은 학교에 보냈을 때, 비장애 자녀가 받아야 하는 시선, 학년을 올라갈수록 본인이 뜻하지 않게 교내에서 책임져야 하는 부담 그리고 부모님

3장 입학 전 부모님들의 걱정과 고민, 전부 풀어드립니다! … 157

의 협조 요청들은 꼬리표처럼 붙어 다닐 것이 예상되는 그림입니다. 그렇다고 다른 학교를 보내자니 동선 분리로 상대적으로 소외되는 아이는 어쩔 수 없이 비장애 자녀일 것이기에 고민은 배가됩니다. 경험을 통한 명쾌한 답을 추천드리기가 조심스럽기도 합니다. 제 주변에서도 많은 사람들이 서로 다른 학교로 보내는 것을 추천하였으나 같은 학교로 보낸 이유는 자녀의 특성, 가정의 환경, 학교와의 동선, 교통, 비용 부담 등 학교를 달리 보냄으로써 감수해야 할 가정의 부담 때문이었습니다. 솔직히 이러한 시간, 인력, 비용적 부담이 없다는 가정하에 이야기한다면 서로 다른 학교를 보내서 학교의 분위기나 장단점을 비교하여 살펴본 후 필요성이 느껴지면 더 나은 학교로 합쳐서 보내는 방법을 추천해보고도 싶습니다. 그러나 현실적으로 이런 부분이 쉽지 않다는 게 우리 마음이네의 환경이라 생각됩니다.

다음으로 비장애 자녀의 의견도 고려해보아야 합니다. 비장애 자녀가 학교에서만큼은 좀 더 독립된 생활로 친구들과의 교우관계와 학업에 집중할 수 있도록 다른 학교에 다니고 싶을 수 있습니다. 그러나 반대로 동생을 챙기는 마음으로 같은 학교에 다니고 싶을 수도 있습니다. 더 좋은 선택에 있어 정답은 없다고 생각합니다.

어떤 선택이라도 우리 자녀들이 편안하게 학교생활을 할 수 있는 것에 결정의 기준을 세워주실 것을 권장드립니다. 무조건 자녀들의 학교생활이 기준이 될 수도 없고, 가정의 형편, 환경 등 부모님이 부담해야 하는 상황도 무시할 수 없기 때문이죠. 부모의 부담으로 발생되는 가정의 불화는 결코 우리 아이들에게 더 행복하고 편안한 학교생활을 제공해주지 않습니다. 따라서 모든 자녀의 편안하고 행복한 학교생활을 위해 가족 간의 충분한 소통을 통한 우선적인 기준을 마련하여 좋은 결정을 하시기 바랍니다.

Tip …

요즘은 비장애 자녀가 겪어야 하는 소외감과 어려움에 대한 관심이 높아지면서 비장애 형제자매 지원 프로그램이 많이 늘어나고 있습니다. 정말 다행입니다. 복지관, 장애인 가족지원센터, 관할 구청 등에 프로그램 계획 및 내용을 문의해보세요.

　　도늬네도 도늬와 여늬를 같은 학교로 보낼지 다른 학교로 보낼지에 대해 유치원 시절부터 고민했습니다. 연은초등학교를 선택하고 이사를 결정한 이유 중에는 근처 5분 거리 내에 또 다른 초등학교가 있어 필요시 도늬와 여늬의 분리 입학을 선택할 수도 있고, 도늬의 학교 적응 실패 시, 대안책을 마련할 수 있겠다는 판단 때문이었습니다. 다행히 두 학교 모두 특수학급이 있고, 충분히 비교할 만한 상황이었습니다. 먼저, 어느 학교의 특수학급이 더 좋은지를 살펴봤습니다. 아무래도 도늬의 상황을 기준으로 생각했던 시기였습니다. 그러나 아이가 점점 학습 발달과 착석 등이 좋아지면서 통합학급에 대한 목표가 확정되어 더 가까운 학구도 내 학교로 배정을 받아 같은 학교로 입학했습니다. 보호자 간 동선 관리, 효율성이 같은 학교로 보내는 데 가장 큰 기준이었습니다. 그리고 여늬의 의견도 소중히 수렴하였습니다.

　　"여늬야, 넌 도늬 오빠랑 같은 학교 다닐 거야?"
　　"네, 도늬 오빠랑 같은 학교 다녀야죠. 우린 어린이집, 유치원도 같이 다녔잖아요. 난 도늬 오빠랑 같은 학교 다닐 거예요."
　　"고마워, 여늬야! 사랑해 여늬야♥"

● 센터에서는요

학교 선택에는 정답이 없습니다. 마음이와 다른 자녀가 형제인 경우, 남매인 경우, 자매인 경우에 따라 다를 수 있습니다. 많은 상담과 고민을 나눈 경험으로 다수의 가정에서 가장 중요하게 생각하는 것은 학교와의 거리였습니다.

분리하여 학교를 보낼 때 집과 가까운 학교에 누구를 보낼지를 고민하는 가정을 많이 만났습니다. 먼저 비장애 자녀인 첫째가 학교에 다니고 있다면, '첫째' 아이에게 의사를 물어보시되 '동생은 다른 학교에 보내려고 한다.'라고 전제를 하시라고 말씀드립니다. 이유는 첫째에게 부담을 주지 않기 위해서입니다. 사춘기가 오면 아이들 스스로도 친구 관계가 힘들게 됩니다. 하물며 동생까지 챙기는 상황이 온다면, 아이의 어깨는 더 무겁기 때문입니다. 그리고 특수교육대상자인 마음이들은 대부분 픽업을 부모님께서 해주는 경우가 많기 때문에 집 앞에 있는 학교에 굳이 가지 않아도 됩니다. 만약 마음이가 첫째인 경우에는 사전에 저는 학교를 선택할 때 위의 첫째의 질문과 반대로 생각해보시기를 권합니다. 즉 굳이 같은 학교를 권하지 않는 입장입니다. 도늬의 경우는 쌍둥이로 같은 학년이어서 행사도 대부분 같고 동선도 거의 같지만, 사실상 학교가 같다 하더라도 학년이 다르면 모든 행사는 엇갈리게 되어 있습니다. 누나가 남동생을, 오빠가 여동생을 끔찍하게 챙겨서 같은 학교를 고집한다고 치더라도 첫째가 졸업을 하고 나면 오히려 남은 동생은 힘들지 않을까요? 오히려 좋은 친구를 두는 것이 가장 좋은 방법일 수 있습니다.

10

준비물 똑소리나게 챙기는 방법

준비물을 빠뜨려서 방황하는 마음이가 되면 곤란해요!

유치원과 어린이집은 준비물을 실수로 못 챙겨도 선생님들이 더 세심하게 잘 챙겨주십니다. 준비물을 못 챙겼다고 의기소침하거나 수업 참여를 거부하는 아이들이 있기 때문이죠. 그러나 학교는 그런 일이 없습니다. 물론 우리 마음이를 가까이에서 살펴주시는 협력교사, 특수교육실무자, 사회복무요원 등 지원 인력이 있다면 모르지만 매일 매 수업 지원 인력이 있다고 할 수가 없기에 준비물은 가정에서부터 꼼꼼히 잘 챙겨주셔야 합니다.

먼저, 자기 물건을 구분하여 챙기는 방법에 대해 알려주셔야 합니다.

내 물건, 친구 물건에 대한 개념이 없다면 매일 분실 사고가 발생할 수 있습니다. 사고는 미연에 방지할 수 있는 법이죠. 이러한 실수가 안 생기게 하기 위해선 반드시 우리 마음이의 학용품과 준비물에 이름을 적어주세요. 입학 전 여유 있게 이름 스티커를 준비하시면 보다 편리하고 신속하게 사용하실 수 있을 겁니다. 덧붙여 학기 초 필요한 학용품, 준비물들이 인터넷 사이트나 근처 문구점 등에서 동이 나기도 합니다. 필요한 물건들은 미리미리 사놓으시는 것도 방법이니 참고 바랍니다.

그럼, 1학년 우리 마음이에게 어떤 준비물, 학용품들이 필요한지 살펴보겠습니다.

[책가방]

보통 할아버지나 할머니가 우리 마음이 학교 가방은 선물로 주시는 경우가 많죠. 디자인, 가격, 브랜드, 색상 등은 각 가정마다 상이하니 예쁘고 좋은 걸로 사주세요. 다만, 학교에서 책걸상에 걸어서 사용하니 가방 위 고리가 있는 것을 추천해드리고, 물병을 소지하고 다니기 때문에 옆에 물병을 넣고 다닐 수 있는 가방이 좋습니다. 물병이 새서 가방 속이 젖는 경우가 발생할 수 있으니까요. 신학기 가방 대다수는 실내화 가방과 세트로 많이 판매되고 있습니다. 간혹 실내화 주머니를 매일 가지고 다니지 않는 학교도 있으므로 구입 전 선배 어머니들께 확인해보세요.

[실내화]

학교마다 실내화를 학교에 두고 다니는 경우가 있습니다. 일주일에 한 번씩만 세탁을 하는 경우 집에 가져갑니다. 실내화는 흰색으로 편안한 구멍 뚫린 고무형을 추천합니다. 값비싼 브랜드는 별로 추천드리지 않습니다. 생각보다 아이들 발이 금방 자라기 때문입니다.

가장 중요한 건 네임펜으로 실내화 안쪽과 바깥쪽에 이름을 적어주세요. 이름이 보이지 않으면 대부분의 아이들이 비슷한 색상과 디자인의 실내화를 신기 때문에 마음이가 헷갈릴 수 있습니다.

[교과서]

학교에서 교과서를 일괄적으로 나누어줍니다. 우리 마음이는 몇 권의 교과서가 더 있습니다. 특수학급에서 배우는 학습 수준에 따른 수준별 교과서를 받으실 것입니다. 물론 다 이름 써서 다시 학교 책상 서랍이나 사물함에 보관하면 됩니다. 교과서는 숙제가 있을 때만 다시 집으로 가지고 왔다가 가져갑니다. 교과서를 분실하였다면, 시중 대형서점이나 온라인 검인정 쇼핑몰 등에서도 구매가 가능합니다. 단, 대형서점이라고 무조건 판매하는 것은 아니니 확인 후 방문하세요. 학교 수업 적응 준비를 위해 예습을 한다면, 전체 1학년 교과서를 구매하는 것도 좋은 방법입니다.

[공책]

담임 선생님이 공책 스타일을 제시해주실 것입니다. 깍두기 공책, 줄 없는 종합장 등 담임 선생님의 수업 방식, 과목에 따라 다르니 입학 후 선생님의 안내에 따라 준비하셔야 합니다.

이 중 알림장은 마음이와 학부모님에게 가장 익숙하고 중요한 공책입니다. 선생님의 안내사항이 담기기에 매일매일 가방에 넣고 빼고 해야 하는 공책임을 꼭 기억하세요. 1학년 내내 가방 속 알림장은 매일 확인해야 합니다.

[필통]

간소하게 아이들 필통을 챙겨주세요. 1학년 수업시간에는 연필, 지우개, 자, 네임펜, 빨간 색연필 정도만 챙겨주시면 됩니다. 커터칼, 샤프 등 뾰족한 학용품은 1학년 때는 주의가 필요하니 안 챙기셔도 됩니다. 가장 잘 잃어버리는 것이 지우개입니다. 바닥에 흘리거나 친구들하고 장난치다가 잃어버리니 꼭 이름을 붙이거나 써주세요. 색연필, 사인펜, 크레파스 세트는 사물함에 넣고 필요시 빼서 사용하므로 미리 사물함에 넣어주시면 됩니다.

[양치 세트]

매일같이 점심 급식 후 아이들에게 양치 시간을 제공합니다. 칫솔, 치약, 컵 세트로 구성된 양치 세트를 챙겨주시기 바랍니다. 칫솔질 잘 못하는 친구들도 친구들 따라 하다 보면 부쩍 잘하는 게 양치질입니다. 칫솔에 치약이 남아 있는지는 챙겨봐주셔야 합니다.

[클리어 파일]

매일같이 들고 다니진 않습니다. 사물함에 넣어놨다가 학교에서 만든 작품 등을 넣어 보관하기 위한 용도로 사용됩니다. 비닐 형태로 되어 있는 20매, 40매 정도를 가장 많이 구입합니다.

[L자 파일]

가정통신문을 담는 비닐 파일입니다. 우체통이라고 부르기도 합니다. 마음이가 학교에서 가정통신문을 넣어오면, 가정에서 내용물을 확인하고 빈 파일을 책가방에 넣어 학교로 보내주세요.

[사물함에 추가로 챙길 물품]

마스크 : 코로나로 인해 필수품으로 여유분을 챙겨놓기

물티슈와 화장지 : 사용 빈도가 높아 교체 시기 체크 필수

바구니 : 정리 정돈용 파일, 서류 구분을 위해 준비

11

우리 마음이가 다른 친구들에게
피해 주면 어쩌죠?

우리 마음이가 남들에게 피해보는 것만 생각한다면 오산이에요.
마음이의 다름이 다른 아이에겐 불편함으로 느껴질 수 있습니다.

우리 마음이가 학교에 입학하면, 늦음과 사회성 부족, 언어 표현의 어려움 등으로 아이들과 소통하지 못하니 답답한 마음에 '다른 친구들이 우리 마음이를 때리면 어떡하나요?'라는 걱정이 머릿속을 맴돌 것입니다. 만약 이러한 일이 일어난다면 담임 선생님께 연락하여 확인할 수 있습니다.

또한 반복되지 않도록 선생님과 협의해야 합니다. 예를 들어 마음이가 자신의 감정을 표현하는 방법이 있다면 학급 내 친구들과 공유하여 소통의 범위를 넓혀주거나 담임 선생님의 보다 세심한 관심과 교육을 통해 마음이에 대한 폭력이 반복적이고 지속적으로 진행되어 학교폭력 상황으로 번지지 않도록 예방할 수 있습니다.

그러나 반대로 우리 마음이도 다른 아이들을 불편하게 하는 상황으로 피해자가 아닌 가해자가 될 수도 있다는 게 현실입니다. 우리 마음이가 불편한 마음을 표현하는 방식으로 같은 반 친구를 무작정 때릴 수도 있고, 소리를 지르거나 욕을 하거나 하여 위협감을 줄 수도 있을 것입니다. 이 때, 상대 친구가 다치거나 두려움으로 인해 신체적 정신적으로 어려움을 호소하면 우리 마음이가 '학교폭력 가해자'라는 단어의 대상자가 될 수도 있습니다.

만약 우리 마음이가 친구에게 폭력적 행위로 불편을 가했다면, 어떻게 해야 할까요?

먼저, 학교에서 마음이를 보살펴주는 선생님께 학교 입학 후 적응하는 과정에 있어서 어떠한 행동이 지속되었는지 확인해야 합니다. 담임 선생님, 특수학급 선생님, 협력교사, 사회복무요원 등 마음이가 어떤 문제 행동이 있는지 객관적으로 확인하신 후에는 피해를 받은 친구와 학부모님께 먼저 사과하고 양해를 구하는 것이 반드시 필요합니다. 직접적인 대화와 만남으로 미안함을 전달해야 합니다. 상대방이 직접 만남을 원치 않는다면 선생님을 통해서라도 마음을 전달하시기 바랍니다. 이유를 불문하고 마음이로 인해 불편이 발생되었다는 사실이 확인되었다면, 빠르게 사과하고 놀란 상대방 아이를 달래주어야 합니다. 모든 부모님들은 자신의 아이에게 피해를 준 것에 대해 전혀 관대하지 않습니다. 혹시라도 우리 마음이가 늦기 때문에 더 넓게 이해해주고 배려해줄 것이라는 기대가 있다면 싹둑 잘라버리십시오.

마음이가 이러한 행동의 실수를 인지할 수 있다면, 충분히 상황을 설명하고 해야 할 행동과 하지 말아야 하는 행동을 가정교육이나 치료 수업을 통해 가르쳐줘야 합니다. 반복된다면 또 다른 같은 반 아이와 학부모님들의 민원이 발생할 수 있기 때문이죠.

마음이가 이러한 행동의 실수를 인지할 수 없다면, 아이의 행동이 발생된 요인을 확인하고, 그러한 상황이 발생되지 않도록 하는 방법을 모색해야 합니다. 교실은 단체 생활하는 공간이고, 이러한 상황을 극복하지 못하면 마음이가 타 학교로 전학가거나 통합학급을 포기해야 할지도 모릅니다.

사실, 1학년 교실에서 학교폭력 상황이 일어나는 경우는 많지 않습니다. 그럼에도 학교에서는 피해가 있다면 언제든 학교에, 선생님께 이야기하고 도움을 요청하라고 합니다. 누군가가 피해를 입는 상황에 대해 매우 모두가 민감하기 때문입니다.

우리 마음이가 공격을 받아 피해를 입을 수 있습니다. 반대로 다른 아이에게 피해를 줄 수도 있습니다. 또한 피해 상황이 클 수도 있고 작을 수도 있습니다. 이때, 피해를 입었다면 피해 상황을 알리는 방법을 알려주고, 적절한 사과 및 조치를 받아야 할 것입니다. 피해를 입혔다면 자신의 잘못을 인정하고, 상대방 친구에게 사과하며, 잘못한 부분을 개선하려고 노력해나가야 할 것입니다. 우리 마음이가 1년 동안 같은 반 친구들과 조화롭게 생활할 수 있도록 말할 것은 말하고 인정할 것은 인정해야 합니다.

12

정말, 마음이가 학교에서 배우고 있겠죠?

우리 마음이는 시간 때우러 학교 가는 게 아닙니다.
분명한 건 느리지만 천천히 성장하고 있다는 것입니다.

매일같이 학교에 다녀온 우리 마음이에게 엄마는 물어봅니다. 오늘은 무엇을 했는지, 급식은 무엇을 먹었는지, 친구들하고는 사이좋게 지냈는지를 확인합니다. 그리고 이 질문을 가장 많이 하게 될 것입니다.

"마음아, 오늘은 학교에서 뭐 배웠어?"

우리 마음이가 학교에서 배움이 있는 것일까? 가방만 들고 왔다 갔다 하는 건 아닌지 걱정될 것입니다.

먼저, 학교는 인성, 사회성, 교우관계, 신체활동 등 다양함을 가르치고 배우는 곳이지만, 그 중에서도 학습이라는 공부의 형태와 방법을 배우는 곳입니다. 당연히 공부라는 것은 우리 마음이에게 재미가 없을 수 있습니다. 엄마의 잔소리에 못 이겨 할 수도 있고, 뭐가 뭔지도 모른 채 하는 경우도 있습니다. 그래서 학습에 대한 동기 부여를 제공해줘야 합니다. 적절한 목표를 설정해주고 다음에는 경험과 과정을 통해 칭찬을 적절히 사용하며 아이의 성취감을 이끌어주는 연습을 해야 합니다.

이때, 우리 마음이를 다른 친구들과 비교하지는 마세요. 비교하게 되는 순간 조급해지고 아이도 비교되는 모습에 자존감이 떨어질 수 있습니다. 조금씩 성장하고 발전하는 마음이의 수준을 고려하여 꾸준히 해나가세요. 언젠가 조용히 해왔던 노력의 결실을 친구들에게 인정받는 순간이 오면 세상을 향한 자신감이 엄청 업그레이드될 겁니다.

학교 교실은 늘 분주하고 산만합니다. 그만큼 집중하기 어려운 환경이기도 합니다. 아이들의 소곤대는 목소리, 필통 달그락거리는 소리, 책상 위에 물건을 떨어뜨리는 아이 등 수업시간에도 수많은 상황들이 발생합니다. 과연 우리 마음이는 어떨까요? 사소한 환경에 자세가 흔들릴 것입니다. 그래서 선생님의 말씀을 놓치는 경우도 있고, 혼자만 멍하니 다른 페이지를 펴놓고 넋 놓고 있을 수도 있죠. 이유는 다른 것, 다른 소리에 반응하여 생각하고 있었을 것이기 때문이죠.

마음이에게 집중할 수 있는 환경과 방법을 연습시켜주세요. 집중의 시작은 착석입니다. 예를 들어, 5분, 10분부터 시작하여 최종 40분까지 착석할 수 있는 시간을 늘려주세요. 가정에서 상황을 설정하며 연습하는 방법도 있습니다. 부스럭 소리를 내거나, 무언가를 떨어뜨리는 등 외부 자극에 대해 최소한의 반응을 한 후 다시 과제에 집중하는 과정을 반복적으로 연습해보세요.

학교에서는 모든 아이들에게 공평한 배움을 전달합니다. 특히 1학년 때에는 과하지 않은 학습량을 제공하고, 아이들이 잘 따라오게끔 이끌어줍니다. 학교에서 가르친 내용을 얼마나 많이 담아왔는지는 마음이의 재량과 능력에 따라 다릅니다. 가장 중요한 것은 할 수 있다는 자신감입니다. 집중 그리고 반복적인 학습을 통해 자신감을 가지고 학교에서의 배움을 더 챙길 수 있도록 해주셔야 합니다.

우리 마음이도 충분히 배움을 보고 느낍니다. 이미 초등학교 입학 준비 과정을 통해 정도의 차이는 있겠지만 느꼈을 것이라 짐작합니다. 이제 초등학교에서는 그 배움이 더 많이 늘어나게 됩니다. 선생님을 통한 배움, 친구들을 통한 모방 학습과 언어 표현, 행동, 놀이 문화까지 아이들이 성장하는 것에 비례하여 우리 마음이도 성장할 것입니다. 조급해하지 마시고 비교하시는 마음은 조금 내려놓으시면서 천천히 마음이가 학교에서 배우고 돌아올 수 있도록 지켜봐주시고 함께해주세요. 그러면 우리 마음이는 자신감을 가지고 어느새 보다 더 성장할 것입니다.

도늬네 이야기

　도늬는 통합학급을 통해 확실히 성장을 하였습니다. 그만큼 배움을 많이 보고 느끼고 배우고 있습니다. 초등학교 1학년 우당탕탕 시기를 지났고, 코로나로 인해 2, 3학년은 온라인 비대면 수업을 참여하며 새롭게 진행되는 학교 수업에 적응해나갔고, 4학년이 돼서 다시 일상으로 복귀하여 학교 친구들과 어울림을 갈망하며 행복하게 생활하고 있습니다. 그리고 이제 5학년으로 올라갑니다.

　1학년부터 도늬의 조금은 다름이 교실 내에 긍정적으로 잘 전달이 되었습니다. 당연히 담임 선생님들의 배려 속에 학급 친구들이 도늬를 챙겨주고, 불편한 소리, 행동을 할 때 주의를 주고 잘못된 행동임을 인지시켜주는 친구들이 여럿 생겼습니다. 어린이집, 유치원 시절 통합학급 생활을 통해 누나처럼 챙겼던 동생 여늬의 역할을 지금은 같은 반 친구들이 돌아가면서 지적도 해주고 수정도 해주면서 같이 이끌어주는 도움이 참 많았습니다. 그래서 친구들과 같이 보조를 맞추며 학습 진도, 사회생활, 놀이 등을 배워오고 집에서 대중가요를 흥얼거리고 아이돌 댄스를 구경하는 아이로 성장하고 있습니다.

　도늬가 하루에도 몇 번씩 하는 불편할 수도 있는 행동을 친구들과 선생님은 잘 이해해주고, 도늬도 과도한 불편을 초래하지 않도록 조절하는 방법을 찾아나가며 서로의 다름을 이해하고 같이 해나가는 모습에 늘 감사한 마음입니다. 학년이 올라서면서는 자폐 성향이 조금은 규칙적인 모습으로 나타나는데, 이러한 규칙적 행동이 학교에서는 바른 행동으로 비쳐지면서 아이들 사이에서도 규칙적인 아이로 인식이 되고 있답니다. 사실, 어쩔 때에는 과도하게 규칙을 따져서 피곤할 때가 한두 번이 아니거든요. 그만큼 같은 반 친구들과 융화되었다는 것이고, 충분히 그 누구든 통합학급에서 구성원으로 함께할 수 있기에 걱정은 잠시 내려놓으시길 바랍니다.

4장

특수교육부터 예체능까지, 학습에 대한 모든 것

공부는 언감생심일까요?
마음이도 공부할 수 있어요!

1

언어 표현이 부족한 우리 아이, 어떻게 가르쳐야 할까요?

세종대왕님이 만들어주신 한글! 이해하고 말하고 읽고 쓰기의 시작

학교 입학 후 친구들과 선생님과의 소통에 있어서 가장 중요한 것이 언어 소통입니다. 유치원이나 치료센터에서는 마음이가 의사표현을 잘하지 못하더라도 선생님들이 어떻게든 우리 마음이가 표현하고자 하는 내용을 확인하여 피드백을 주었지만, 학교는 그렇지 않습니다. 치료센터나 가정에서 마음이가 언어 소통 방법을 익힐 수 있도록 도와주어야 합니다.

마음이의 학습 수준과 발달 정도에 따라 언어 소통 방법은 다음과 같이 나눠질 수 있습니다. 가장 중요한 것은 마음이에게 얼마나 배울 준비나 의지가 있는지입니다.

- 마음이가 말을 할 수 있나요?
- 마음이가 말을 알아들을 수 있나요?
- 한글을 보고 따라 쓸 수 있나요?
- 숫자를 보고 읽을 수 있나요?
- 한글을 읽고 쓸 수 있나요?
- 사람의 말을 알아듣고 받아쓸 수 있나요?
- 단어의 뜻을 이해하나요?

언어라고 표현하는 내용에는 글과 말 그리고 표현이 함께 모두 포함되어 있습니다. 언어적 소통이 어렵다면 선생님도 친구들도 소통에 도움을 주고 싶어도 한계가 생기므로, 학교 적응에 있어 많은 어려움에 부딪히게 됩니다. 그래서 가장 최소한의 언어적 표현부터 점진적으로 확장하여 언어적 소통 방법을 가르쳐야 합니다.

먼저 듣고 이해하고 말하기입니다. 이 중 가장 기본이 되는 것은 다른 사람의 말을 알아듣는 것입니다.

듣기 연습은 간단한 단어부터 시작할 수 있습니다. 다른 사람이 말하는 단어에 집중하여 듣기가 가능해지면 문장 듣기로 확장해나가면 됩니다. 집중해서 단어 및 문장 듣기 연습이 어느 정도 진행되면 어휘력을 높이기를 병행해야 합니다. 우리가 외국 사람을 만나면 들리긴 해도 그 단어의 뜻을 모르기에 소통하고자 하는 의지가 줄어듭니다. 우리 마음이도 어느 정도 어휘력이 밑받침되어 있어야 듣기 연습에 대한 의지가 높아질 것입니다. 수업시간이나 친구들이 사용하는 어휘를 중심으로 진행한다면 마음이의 학교생활에도 큰 도움이 될 것입니다. 마음이가 발화가 된다면 '끝말잇기' 게임으로 연계하여 꾸준히 시켜주세요. 어휘력을 증진시키는 게임으로 학교에서도 친구들과 쉬는 시간에 자주 하는 놀이입니다.

다음은 간단한 질문 주고받기 놀이를 해주시면서 이해력을 높여주어야 합니다. 육하원칙에 근거한 간단한 질문으로 마음이가 쉽게 이해하고 답변을 할 수 있게 해주세요. 생활 속 익숙함을 시작으로 하나씩 확장시켜주면서 질문을 자주 해주세요. 질문에 대한 적절한 대답을 할 때는 칭찬과 격려를 아끼지 마시되, 대답을 잘 하지 못하더라도 다그치지 마세요. 천천히 반복적으로 함께해주세요.

Q. 마음이는 뭘 먹고 싶어? What
Q. 마음이는 누구랑 밥 먹었어? Who
Q. 마음이는 언제 밥 먹을래? When
Q. 마음이는 어디서 밥 먹을까? Where
Q. 마음이는 왜 울었어? Why
Q. 마음이는 어떻게 하고 싶어? How

마음이가 상대방의 말을 집중하여 듣고 이해하는 과정을 통해 대화를 나누는 것 외에 학교생활에서 중요한 언어 소통 방법은 한글 익히기와 쓰기입니다.

한글을 가르치는 방법은 크게 두 가지로 나눠집니다.

하나는 한글의 자음과 모음을 나누어 조음 원리를 가르치는 '발음중심접근법'입니다. 이 방법은 한글의 구조를 체계적으로 지도할 수 있으며, 새로운 낱말 읽기에 적용이 가능합니다. 하지만, 일상생활과 관련 없는 내용을 획일적인 반복 연습을 통해 지도하기에 마음이가 흥미를 찾지 못하고 지루하게 느낄 수 있습니다.

두 번째는 언어의 의미를 이해하는 것을 강조하는 '의미중심접근법'입니다. 마음이가 관심 있는 문장이나 단어를 중심으로 접근하기에 쉽고 재미있게 한글을 지도할 수 있습니다. 단, 배우지 않은 단어는 거의 읽지 못합니다.

두 가지 방법에 있어 우열은 없습니다. 마음이의 특성에 따라 선택하시면 됩니다. 병행할 수도 있겠지요.

저희 도늬는 5살 때부터 두 번째 방법으로 단어 노출을 시켜주었습니다. 그러나 1학년 입학 전까지도 한글을 읽고 쓰는 것이 많이 힘들었습니다. 입학 후 3달간 학교 적응에 매진한 후 6월~8월까지 2개월간 주당 3시간씩 첫 번째 방법으로 한글을 가르쳤습니다. 다행히 그 방법이 통하여 2학기에는 알림장을 적어올 수 있었습니다. 도늬의 경우 발음중심접근법을 활용하여 단기간에 한글을 읽고 쓸 수 있게 되었지만 의미 파악에는 아직 많은 연습이 필요합니다.

마음이가 한글을 전혀 읽고 쓸 줄 모른다면 1학년 1학기에는 교실에서 마음이에게 필요한 단어를 중심으로 의미중심적접근법을 활용하는 것을 추천합니다. 특히 마음이의 이름이나 친구의 이름 정도는 알고 구분할 수 있어야 하기 때문입니다. 학년이 올라가 한글을 반드시 읽고 써야 한다면 우선 발음중심접근법을 활용하여 읽는 법을 익힌 후 어휘력을 늘려가는 학습을 병행해가기 바랍니다.

마지막으로 쓰기입니다. 사실 마음이가 글씨를 쓰기 위해서는 손가락과 눈의 협응, 손끝 힘 조절, 허리힘으로 바른 자세 만들기 등 많은 기능이 동시에 작용되어야 합니다. 결코 간단한 일이 아닙니다.

글씨를 쓰기 위한 첫 단계로 자세를 언급하고자 합니다. 바른 자세에서 바른 학습이 될 수 있습니다. 연필을 잡는 자세, 공책에 연필의 포인트를 맞대는 면의 힘 조절, 연필을 잡고 지면 위에 글을 힘차게 긋는 운필력, 연필을 잡은 반대 손이 글씨를 쓸 때 바닥면을 지탱해줘야 하는 역할 등 하나하나 조정해주면서 마음이의 글쓰기를 이끌어줘야 합니다. 그리고 난 후 단어 조합이나 그림 카드를 통해 눈으로 귀로 들었던 단어를 연필을 잡고 겹쳐 쓰거나 따라 써보는 연습이 필요합니다.

중요한 것은 이렇게 학습한 언어 표현 방법을 실제로 친구들과 선생님들과 교실에서 사용할 줄 알아야 합니다. 여전히 서투르다고 생각하는 마음이네 가정에서 해야 할 일은 꾸준한 반복 학습입니다.

집중하여 듣고, 이해하고, 말하고, 한글을 익히고, 쓰기에 대한 준비가 끝나면 글씨를 예쁘게 쓰고, 띄어쓰기를 사용하고, 바른 어법을 익히는 과정이 기다리고 있습니다. 과정을 하나하나 나열하면 너무도 험난하게 느껴지지만 마음이가 학교에 입학하면 다른 친구들의 언어를 모방하고 간접 학습하면서 일취월장할 것입니다.

2

특수교육의 시작과 끝!

특수교육은 언제까지 해야 할까요?
학년이 오를수록 배울 곳이 점점 줄어듭니다.

참 어려운 질문으로 시작합니다. 우리 마음이의 특수치료 수업, 특수교육은 언제까지 해야 하는지가 여전히 숙제입니다. 각 가정마다 마음이의 성장을 위해 빠르게는 생후 20개월 전후부터 센터나 병원 등을 통해 치료 수업 또는 특수교육이라는 명목하에 다른 친구들보다 부족한 학습을 진행했을 것입니다.

마음이가 학교에 입학하면 학교 적응도 필요하고, 학교 수업도 따라할 수 있게 하고 싶고 그리고 친구들과 교감도 쌓아야 하는데, 이를 가장 뒷받침해주고 토대가 될 집중 특수교육도 소홀히할 수 없는 상황이 발생합니다. 집중과 선택이 필요하기도 하고, 어디까지 학교 진도나 과정을 수행할지에 대한 목표도 잡아야 합니다.

선배 마음이네의 경우 3학년 이하 저학년까지는 마음이가 학습에 대한 관심도 있고, 친구들과 교감이 조금씩 이뤄졌지만 4학년 이후부터는 학습에 대한 격차와 어려움으로 인해 학습에 대한 의지가 약해졌고, 친구들의 관심 분야에 대한 이해 및 공감 부족으로 소통이 줄어들기 시작했다고 합니다.

초등학교 1학년 시기는 마음이의 학교 적응과 학습에 대한 개선을 위한 골든타임입니다. 1학년 때에 마음이에게 적합한 특수교육을 통해 어떻게 학습을 위한 준비를 하고, 집중 수업을 통해 발달 정도를 개선하느냐에 따라 향후 수업 참여, 친구 관계 형성 등의 초등학교 적응과 관련된 기본 패턴이 생기게 됩니다.

사실 학년이 올라갈수록 우리 마음이가 특수교육을 받을 수 있는 기관의 시간이 줄어듭니다. 초등학교 1학년은 우리 마음이가 잘 성장하는지, 학습을 포함한 발달 과정에 대하여 방향을 꾸준히 잡아나가줄 나침반 역할의 기준이 필요한 시기입니다. 학년이 올라가면서 우리 마음이의 발달 수준, 학습 과정이 달라지는 것을 비교하면서 특수교육에 대한 금전적 시간적 비용과 필요성을 판단해보시기 바랍니다. 너무 일대일 수업에 치우치다 보면, 학교에서 진행되는 팀별 과제 수행하거나, 교과학습 활동을 이해하는 데 어려움이 생기기 때문에 마음이의 수준에 따라 다른 친구들이 다니는 학원도 보내면서 특수교육과 일반과정 교육에 대한 지원을 병행하실 것을 권장합니다. 정리하면 초등학교 저학년까지는 마음이의 특성에 따른 집중적인 특수교육을 중심으로 하되 틈틈이 비장애 친구들과 함께하는 일반과정 수업에도 참여하며 우리 마음이의 학습과정에 대한 패턴을 준비해주시고, 학년이 올라갈수록 마음이의 발달 상황 및 환경적 지원을 고려하여 특수교육과 일반과정 교육의 비율을 조절해나가야 합니다.

특수교육의 시작과 끝은 '터널'과 같습니다. 터널은 선택이지요. 터널마다 길이가 다르고, 느껴지는 길이감도 개인차가 있는 그런 느낌! 개인에 따라 같은 터널도 어떤 날에 따라 길게, 혹은 짧게 느껴지는 그런 느낌도 있고요. 또 터널은 다 지나갔다 싶다가도 어느덧 다시 나오고, 또 가다 보면 필요에 따라 다시 만나게 되기 마련이고요.

언젠가 한 온라인 카페에서 특수교육비에 대한 질문에 대해 '끝이 보이지 않는 터널'이라는 비유적 표현을 썼다가 어느 분께 상처를 드렸던 적이 있었습니다. 제가 그 표현을 썼던 이유는 "센터 치료비에 너무 많은 비용을 쓰시지 마세요."라는 댓글을 달면서 시작되었는데 몹시 불쾌해하셨던 적이 있었습니다. 지금도 저는 그때와 같은 마음이지만, 그 글 이후 저는 카페에 들어가지도 댓글을 달지도 않고 있습니다. 황금 시기와 필요한 교육이 있는 것은 물론 전문가마다 권하는 정도의 차이가 있겠지만, 가능한 한 계획적인 특수교육의 접근이 필요하다고 생각됩니다. 특수교육은 '투자'가 아닌 '계획'이고, 특수교육의 시작은 빠를수록, 끝은 아이와 부모와 선생님의 마음이 맞을수록 좋습니다.

수학, 어떻게 가르쳐야 할까요?

일상생활에서 숫자 세기부터 더하기, 빼기를 해주세요.
수학은 우리 마음이들이 가장 잘 배울 수 있는 교과목입니다.

먼저 숫자에 대한 개념을 익혀야 합니다. 숫자를 읽을 줄 알고 하나씩 개수에 대한 개념을 갖고 셀 줄 알아야 합니다. 간식으로 하나, 둘 개수에 대한 개념을 익혀주세요. 마음이의 숫자 공부에 대한 마음을 열기 위해서는 일상생활 속에서 가장 쉽게 접할 수 있는 상황에서부터 시작해야 합니다.

우리 마음이가 가장 숫자의 개념을 잘 익힐 수 있는 공간이 있습니다. 바로 건물을 오르락내리락할 때마다 타야 하는 엘리베이터입니다. 1층부터 15층까지 표기된 엘리베이터에 숫자 버튼으로 숫자의 모양을 쉽게 찾을 수 있고, 숫자에 불빛이 켜지는 시각적 자극으로 숫자를 기억할 수 있습니다. 이렇게 일상생활 속 환경에서 숫자를 익히는 과정을 진행한 후에는 책상에 앉아 종이에 숫자를 써가면서 수에 대한 개념을 익히도록 해주세요.

초등학교 1학년은 수학책으로 원리를 배우고 수학 익힘책으로 개념을 익힙니다. '수학'책은 교실에서 선생님과 함께 수학을 배우기 위한 교과서이며 수학 익힘책은 가정에서의 복습을 위한 참고서입니다. 1학기 때에는 한 자리 수의 덧셈과 뺄셈, 2학기에는 두 자리 수에 대한 덧셈과 뺄셈을 배우게 됩니다. 우리 마음이도 충분히 수학을 잘할 수 있습니다. 수에 대한 양의 비교, 크기에 대한 차이 이해, 도형의 다름과 모양을 하나씩 이해하면 수학이 다른 과목보다 또래 친구들과 비슷하게 학습의 진도를 유지할 수 있는 학교 수업일 수도 있습니다.

책상에만 앉혀서 수학을 억지로 가르치려고 하지 마세요. 우리 일상생활 속에서 얼마든지 수학의 기초 개념을 마음이에게 알려줄 수 있습니다. 핸드폰 시계 보기, 엘리베이터, 간식 먹기, 주사위 게임 등 얼마든지 생활 속에서 수학 학습을 시작할 수 있습니다. 조급해하지 마시고, 하나씩 준비하시면 됩니다. 어느 정도 숫자에 대한 개념이 익혀졌을 때 학습지나 문제집을 이용하여 덧셈, 뺄셈, 곱셈, 나눗셈 연산에 도전해보세요. 아주 천천히 수준에 맞게 알려주면서 흥미와 자신감을 이끌어주시면 우리 마음이도 충분히 해낼 수 있을 겁니다.

4

예체능 활동은 어떻게 해주면 좋을까요?

다양한 예체능 활동으로 마음이의 재능을 엿봐주세요.

그리고 체육의 기본 줄넘기는 꼭 가르쳐주세요. 무조건 학교에서 합니다!

초등학교 1학년 교실은 다양한 형태로 수업이 이루어집니다. 국어, 수학 등 '공부'라는 학습의 형태뿐만 아니라, 춤, 노래, 체육 활동 등 예체능 활동이 적절히 분배되어 진행됩니다. 아직 학교 적응이 완벽하게 되지 않은 1학년 친구들을 위해서 예체능을 활용한 수업이 진행됩니다.

그럼, 우리 마음이는 학교에서 어떠한 예체능 활동을 할까요?

먼저 체육 수업에 대해 알아보겠습니다. 초등학교 1학년 '봄, 여름, 가을, 겨울' 과정에서 진행됩니다. 걷기, 달리기, 점프, 공 주고받기 등 혼자 할 수 있는 신체활동과 친구와 함께 교감, 소통하며 하는 놀이 형태의 게임 활동이 진행됩니다. 수업시간 교실에서 하는 경우도 있지만, 안전상의 이유로 강당으로 이동하여 체육 수업을 진행합니다. 가정에서 우선적으로 함께해주시기를 추천하는 체육 활동은 줄넘기입니다. 줄넘기는 혼자서도 할 수 있는 신체활동이지만 모든 초등학생이 배우는 신체활동이기도 합니다. 또한 학년이 올라가도 체육 시간에 꼭 줄넘기 과제를 수행해야 합니다. 따라서 다른 친구들과 공감대를 형성하면서 신체활동의 능력을 길러주기 위한 활동을 준비한다면 마음이의 손을 잡고 집 앞 놀이터나 공터에서 엄마 아빠가 시범을 보이면서 줄넘기 넘는 방법을 알려주세요. 아이 체형에 맞는 줄넘기를 선택하여 줄 잡기, 줄 넘어서기 등의 과정을 반복적으로 안내해주세요. 줄을 넘지 못하는 경우에는 한 손으로 줄을 잡고 돌리면서 허공을 폴짝폴짝 뛰는 연습으로 줄넘기를 이해시켜주세요.

만약 부모님이 줄넘기 가르치는 게 어려운 상황이면, 가까운 태권도장과 합기도장 등 체육관에 보내는 것도 방법입니다. 체육관에서는 미취학 어린이들을 대상으로 하는 유아체육 시간에 줄넘기를 포함한 신체활동 놀이를 진행하면서 또래 친구들과 함께 예의를 배우고 무술훈련도 배웁니다. 우리 마음이가 늦어서 망설이는 마음이 있더라도 체육관에 우리 마음이의 수준을 설명하고 도전해보실 것을 추천합니다. 하루에 줄넘기

다섯 개를 못 넘던 우리 마음이가 어느새 열 개, 스무 개를 넘어서는 모습을 보실 수 있을 것입니다.

다음은 음악 활동입니다. 특수치료 수업을 통해 음악치료를 이미 경험한 마음이가 있을 것입니다. 음악 수업은 노래, 춤, 악기 연주 등을 활용하여 음악을 즐기는 시간입니다. 초등학교 1학년에는 리듬악기 위주로 수업이 진행되고 학년이 올라갈수록 멜로디언이나 리코더 등으로 악보를 보고 연주하는 수업으로 업그레이드됩니다. 만약 우리 마음이가 음악에 취미가 있고 관심이 있다면, 실로폰이나 피아노를 통해 먼저 악보 보는 방법을 가르쳐보세요. 악보를 읽을 수 있게 되면 악기 연주로 진행되는 수업을 쉽고 재미있게 즐길 수 있습니다.

만약 음악에 관심이 그다지 없다면 가장 기본적인 리듬악기로 박자 정도를 두들기면서 순서에 맞게 수업에 참여하는 형태로 잘 이끌어줘야 합니다. 이때 박자를 아무렇게나 치면 친구들에게 불편함을 느끼게 할 수 있기에 악기 다루는 방법을 간단하게 가르쳐주는 것이 좋습니다. 그리고 흥미를 느끼는 것에 중점을 두어야 할 것입니다.

예체능을 입학 전 또는 저학년 때 가르치는 것을 무조건 강력히 추천합니다. 공부에 대한 학습 이외에 노래, 율동, 체육 활동, 그림 등 다양한 예체능 활동은 마음이의 흥미뿐만 아니라 자신감, 자존감을 불러일으킬 요인이 될 수 있기 때문입니다. 태권도, 피아노, 미술학원을 마음이가 조금이나마 좋아한다면, 부모님들이 관심을 갖고 수업에 참여시켜주세요.

스스로 하고 싶어 하는 부분에 대한 마음을 표현하면 좋겠지만, 아직 우리 마음이가 특별한 욕구 표현이 없다면, 부모님들이 미취학 전 다양한 예체능 수업에 노출시켜줌으로써 다양한 배움과 자신감을 함께 늘려 줘야 합니다. 비장애 친구들과 함께 섞여서 수업에 참여할 수 있는 예체능 수업에 참여하세요. 예체능적 스킬도 익히고 사회성도 기를 수 있으니 마음이의 학교 적응을 위한 좋은 방법이라고 생각합니다. 학교에서만 통합수업을 하는 것이 아니라, 예체능 학원에서도 자연스레 할 수 있기에 그 시도를 주저하지 않으셨으면 좋겠습니다.

도닉는 어린 시절부터 특수체육 수업에서 줄넘기에 대한 과제를 꾸준히 진행했어요. 어떤 선생님을 만나더라도 줄넘기 수업을 요청했고, 초등학교 입학 후 태권도장을 다니면서 비장애 친구들과 함께 어울리고 자연스레 줄넘기를 제법 넘는 아이로 성장하였습니다. 도닉의 정서적인 안정과 사회성 증진이라는 두 마리 토끼를 잡기 위해 예술적 매개체를 활용한 미술치료, 음악치료 수업을 꾸준히 진행했습니다. 만 4세부터 꾸준히 진행했던 음악치료 수업은 도닉가 가장 즐거워하는 수업이었습니다. 타악기, 리듬악기로 두들기고 때리면서 소리를 냈던 수준에서 악보를 보고 건반악기를 연주할 수 있는 수준으로 음악에 대한 친근감을 이끌었습니다. 2학년부터는 일대일 피아노 레슨을 통해 수준급은 아니지만 음악교과서 속 악보를 보고 피아노로 연주할 수 있는 수준까지 도달했습니다.

남자아이의 경우 축구, 공놀이를 잘하면 학교에서 친구들과 더 잘 어울리게 되고, 여자아이의 경우 노래, 춤, 그림 등에 대한 관심이 친구들과의 소통에 중요한 역할을 하기도 합니다. 우리 마음이의 흥미와 수준에 맞는 예체능 수업을 꾸준히 진행한다면 정서적 안정감과 함께 사회성 및 자신감과 자존감을 높이는 데 도움이 될 수 있을 것입니다.

초등학교에 입학하면 운동장에서 자유롭게 뛰어노는 시간이 많습니다. 삼삼오오 아이들이 뛰어놀기도 하고, 공을 주고받고 축구를 하기도 합니다. 중학교가 되기 전까지는 어린이집, 유치원과 같이 체육 선생님이 따로 가르치지 않고 담임 선생님 지도 아래 체육 수업을 진행하기도 하고, 자유놀이 시간에 체육 비슷한 활동을 합니다. 교실에서는 착석이 가장 기본적이고 필수적인 사항이라면, 운동장에서는 '규칙 및 지시 따르기', '호명 반응' 등이 기본이 되어야 합니다. 교실과 달리 통제가 힘든 경우 수업도 힘들게 되고, 사실상 '참여'보다 '방해'가 되는 시간이 될 것입니다. 그렇기 때문에 마음이들에게 '체육 활동' 및 준비된 '운동능력'은 참여의 밑거름이 될 것입니다. 단계적인 아이의 신체발달에 맞춰 함께 도전하는 과정을 진행하는 것을 추천합니다. 어떤 것도 한순간에 이뤄지는 법은 없으니까요.

예를 들어, 줄넘기 활동의 경우 줄을 돌리는 것으로 시작한 것과 같이 느린 아이들의 체육 활동에선 과제 분석이라는 매우 중요한 과정이 필요합니다. 어려운 이야기처럼 느껴지실 수 있지만 줄넘기를 모음발 점프, 제자리 모음발 점프, 한 손 줄 돌리기, 끊어진 줄 양손 돌리기, 한 줄 양손 돌리기, 한 줄 양손 돌리고 1회선 넘기 등 줄넘기에 필요한 요소들을 세부적으로 나누는 과정이라 할 수 있습니다.

또한 이러한 과제 분석은 아이들의 운동 수준에 따라 좀 더 다양하게 세분화하는 과정이 필요할 수 있습니다. 줄넘기 영상 또는 시범을 눈으로 충분히 익히고 스스로 모방하여 실시해볼 수 있도록 한 후 부족한 단계부터 적용할 수 있도록 합니다. 과제 분석 순서는 반드시 지켜야 하는 것은 아니며 아이의 흥미와 참여 정도에 따라 유연하고 탄력적으로 적용하는 것이 바람직합니다.

즐거운 주말 아이들과 함께 운동하러 기분 좋게 외출했다가 서로 눈을 흘기며 돌아왔다는 이야기를 자주 듣곤 합니다. 자신의 아이를 직접 가르치는 것이 쉬운 일은 아니지만 아이의 수행 수준과 느림을 이해하고 다양한 활동의 과제 분석에 좀 더 고민해주신다면 우리 아이들에게 더없이 좋은 체육 선생님이 되어주실 수 있습니다.

하나라도 더 가르쳐주고 싶은 부모님의 마음을 충분히 공감합니다. 하지만 함께하는 운동시간 만큼은 느림을 이해하고 아이의 성장 보폭과 눈높이에 맞춰 수업시간이 아닌, 즐거운 놀이시간으로 만들어주시기 바랍니다.

집중이 어려운 우리 아이, 집에서 할 수 있는 방법은?

1학년 교실은 어수선합니다. 우리 마음이가 어수선함에 익숙해져야 해요.

집중이 어려운 이유에는 여러 가지가 있지만, 무언가에 집중하는 방법을 모르거나 다른 것에 흥미와 한눈이 팔려 집중해야 하는 대상을 찾지 못해서 수박 겉핥기식으로 맴도는 경우가 있습니다.

집중을 높여주기 위해서는 적절한 동기 부여와 단계적 목표를 설정해 주는 것이 좋습니다. 우리 마음이는 엉덩이를 의자에 붙이고 20분 이상 앉아 있는 것만으로도 집중력을 많이 발휘한 것입니다. 그 속에 마음이가 더 집중해야 할 무언가를 만들어 학습으로 이어질 수 있게 하는 포인트가 필요합니다. 계속 늘어지면서 아이와 집중력을 높인다고 하는 것은 서로에게 어려운 상황을 이어가는 것입니다. 따라서 적절한 동기 부여, 단계적 목표 설정으로 교실에서의 집중을 높여주는 연습이 필요합니다.

그렇기 위해선 성공의 경험과 성취를 통해 칭찬의 효과를 적용시켜줘야 합니다. 작은 과제를 성취함으로써 칭찬 보상의 맛을 보여주고 마음이가 집중을 해야 하는 목적과 이유를 인식하게 해줘야 합니다. 물론 짧은 시간부터 점차 늘리며 연습을 해야 하고, 노력하는 과정 또한 칭찬을 받으며 격려해줘야 하지만, 단기간에 효과를 끌어내기 위해서는 작은 성공과 성취의 경험을 단계적 반복적으로 만들어주실 것을 추천합니다. 선 긋기, 종이접기, 숫자 세기 등 그 과제가 무엇이든 마음이가 잘할 수 있는 것에 대한 집중과 칭찬이 교실이라는 새로운 환경에서도 스스로 할 수 있다는 자존감으로 수업에 이어질 수 있습니다.

당연히 집과 교실은 환경이 다릅니다. 집은 엄마 아빠와 하는 개인 과외와 같다면 학교는 선생님 한 분에 다수의 친구들이 함께 수업을 하기에 어수선할 수 있습니다. 수업시간에 다른 친구의 행동, 갑작스러운 소리, 온도 등 익숙하지 않은 환경에 집중력이 떨어질 수 있음을 예상해야 합니다. 그래서 다양한 환경에서 수업하는 방법을 경험시켜줘야 하며 그 상황별 우리 마음이가 집중하지 못하는 이유를 찾고, 어떤 영역과 어떤 환경에서 집중을 하지 못하는지 원인을 파악해줘야 합니다. 그리고 담임 선생님이나 특수학급 선생님께 마음이의 집중에 대한 정도와 상황을 공유하면서 점차적으로 학교 내에서 친구들과 함께 있는 교실 환경에서의 집중력을 이끌어줘야 합니다.

　　마음이가 주의 집중에 많은 어려움이 있다면 ADHD 관련 검사를 통해 점검해보시는 것도 필요할 수 있습니다. 도늬도 주의력 부분에서 늘 어려움이 있었으나 자폐스펙트럼장애의 영향이라고 생각하고 ADHD를 의심하지 않았었는데요. 4학년이 되자 도늬 스스로 "집중하고 싶은데 안 돼요."라고 호소하여 ADHD 약을 처방받아 복용하였습니다. 약 복용에 대한 결정이 쉽지는 않았으나 저희는 아이의 어려움에 대해 도움이 될 수 있는 다양한 방법을 찾아보는 시도 중 하나라고 생각하고 시작하였습니다. 약 복용 후 조금씩 집중력이 좋아지고 있습니다. 부작용으로는 입맛이 떨어지거나 나른해진다고 하는데, 그런 부작용은 없어서 꾸준히 약을 복용하고 있습니다. 집중력이 좋아지니, 도늬도 스스로 공부하는 시간이 단축되는 걸 느끼고 있습니다. 그만큼 숙제를 빠르게 끝내고 자유 시간을 즐기고 있다는 점에 저희 가정은 만족하고 있습니다.

호불호 강한 아이,
좋아하는 놀이와 공부만 시켜도 되나요?

만약에 서번트가 있다면, 계속 시켜주세요.
그것 또한 마음이의 최고의 장점입니다.

우리 마음이가 하나에 집중을 하게 되면 무서운 집중력을 보입니다. 소위 꽂힌다고 표현하죠? 무섭게 집중하는 그 매개체가 학습 효과에 도움이 되는 것이라면 좋겠지만, 그렇지 않고 일상생활에서 불필요한 사물이나 놀이나 역할이라면 고민이 생길 수밖에 없습니다. 어떻게 우리 마음이의 관심을 다른 곳으로 돌려야 할지가 가장 우선적일 것이고, 다시 그 관심이 더 지나치게 발전되지 않게 잘 관리해야 하는 것이 우리 마음이네 가정에서 자주 나타나는 모습입니다.

그렇다면, 초등학교 입학 전 좋아하는 놀이와 공부에 지나치게 집중하는 우리 아이, 어떻게 하면 좋을까요? 다행히 좋아하는 놀이나 공부를 할 때에는 다른 사람에게 피해를 주지 않으니까 가정에서 더 장려하는 경우도 있고, 반대로 보호자의 중재에도 시간 관리가 되질 않아서 그러한 놀이나 학습을 소거하기 위해 애쓰는 경우도 있습니다.

　학습에 있어서 서번트가 아닐까 생각될 정도로 숫자에 집착하거나 책 읽기에 중독이 된 마음이라면 실컷 마음이가 하고 싶은 만큼 해줄 것을 권장합니다. 스스로 그 학습이나 놀이가 싫증나는 시기가 나타납니다. 그리고 다른 무언가를 찾는 전환의 타이밍이 발생합니다. 이때, 적당한 보상을 통해 새로운 놀이와 학습 방향을 제시해주고 칭찬해줘야 합니다. 너무 지나치게 좋아하는 것이 있다면, 그보다 더 좋아하는 것을 찾아줘야 합니다. 마음이가 스스로 더 좋아하는 것을 찾지 못했기에, 지금 집착하는 놀이나 학습에 집중하는 것일 수 있기 때문입니다. 그래서 다양한 보상 방법을 제시하면서 현재 활동에 대한 시간 엄수 및 다른 놀이와 학습을 유도하고 적응해보도록 지속적으로 기회를 주어야 합니다.

　가장 많이 사용하는 방법이 누적 스티커나 메뉴 선택권 제시 등이 있습니다. 집착하는 놀이나 행동을 누군가가 방해한다고 생각할 때, 우리 마음이는 탠트럼이 일어날 수 있습니다. 자기만의 고유 영역, 환경을 침범했다는 인식으로 새로운 무언가를 더욱 밀어내는 경향이 나타날 수 있으니 그 보상책을 제시하는 부모님은 언제나 평정심을 유지해야 하고 적당한 기준으로 마음이에게 제시되어야 합니다. 그렇지 않으면, 더 큰 문제를 불러일으킬 수도 있기 때문입니다.

우리 마음이가 좋아하는 놀이와 공부에 대한 집착이 있다면, 우리 마음이는 충분히 집중력이 좋은 아이라고 긍정적으로 생각해주세요. 다른 놀이와 공부에도 그 집중력이 발휘될 수 있는 잠재력이 있는 것이니 긍정적인 마인드로 마음이의 장점을 살려주세요. 그리고 더 좋아할 수 있는 무엇인가를 찾아줘야 하는 것이 우리 부모님들의 역할입니다. 적절한 보상으로 중재하면서 또 다른 새로움에 눈을 뜰 수 있게 도와주면 우리 마음이도 하나씩 새로움을 익히는 계기가 될 것이기 때문입니다.

도늬는 특별히 집착하는 공부, 학습은 없었어요. 다만 집착하는 놀이가 있었습니다. 그 놀이는 바로 엘리베이터 동작 따라 하기 놀이였어요. 그래서 아예 엘리베이터 놀이를 좀 더 확장시켜줬습니다. 집 안에 엘리베이터 버튼 모양을 만들어서 방에 들어갈 때 엘리베이터 놀이로 집에서도 놀 수 있게 하고, 숫자 버튼을 만들어서 숫자 덧셈, 뺄셈을 하도록 유도하였습니다. 며칠간은 같은 행동으로 놀이에 집착하더니, 익숙함이 생긴 이후에는 패턴 놀이도 점점 줄어들었습니다. 물론 숫자 버튼을 누르면서 덧셈, 뺄셈의 학습을 유도한 것이 그 놀이에 감소 요인이 되었을 수도 있지만, 집 안에서 엘리베이터 숫자로 덧셈, 뺄셈을 할 때에는 다른 때보다 더 확실하게 사탕, 초코릿 등 간식 보상으로 도늬에게 칭찬을 해 주었습니다. 그리고 조금은 불편하게 놀게끔 위치를 방바닥이 아닌 아이의 키보다 조금 높은 위치로 잡아주면서 오랫동안 지속하는 데 불편감을 유도하여 놀이 시간을 조정하였습니다. 여전히 방 앞에 엘리베이터 버튼이 있지만, 이제는 별로 신경 쓰지 않는 놀잇감이 되었습니다.

7

다른 아이들은 다 학원 가는데,
우리 아이는 어떡하죠?

학원요? 당연히 보내세요~ 걱정된다면, 짝꿍 친구 따라 보내세요.
우리 돈 내고 가는데 뭘 주저합니까!

초등학교 입학 후 하굣길은 다양한 모습이 연출됩니다. 교문 앞에서 기다리는 학부모님들과 학원 차량이 뒤섞여 있는 모습을 흔하게 봅니다. 점심시간 후 하교하는 1학년 친구들부터 연이어 이동시키려는 태권도장, 수학학원, 영어학원 차량들로 대다수 초등학교 하굣길은 장사진을 이룹니다. 다른 친구들은 정규 수업 후 방과 후 활동을 하거나 학원으로 이동하는 경우가 많습니다. 물론 각 가정으로 돌아가서 휴식을 취하고 놀이터에서 정신없이 뛰어노는 친구들도 많습니다. 각 가정의 상황에 따라 다르지만, 그래도 방과 후 이제 학원은 선택이 아닌 필수처럼 우리 초등학교 학생들의 일상이 되어버렸습니다.

마음이가 아직 학원에서 가르치는 학습 수준에 도달하지 못하였거나, 그룹 수업에 적응이 부족하다면 특수치료기관에서 개별 수업이나 소그룹 수업을 통해 부족한 학습을 준비해야 합니다. 아직 초등학교 1학년의 경우에는 국어, 수학의 교과에 대한 부담은 적기에 조급해하지 않아도 됩니다. 만약 우리 마음이가 학습에 대한 준비를 시작해보고 싶으시면 가정방문 학습지 선생님과 함께하는 수업을 추천합니다. 공부는 결국 반복 학습이 중요하므로 주 1회 또는 2회 방문하는 학습지 선생님과 난이도를 조절하여 국어, 수학의 기본적인 이해와 풀이, 읽고 쓰기 등을 연습해도 좋습니다. 이는 학교 입학 전부터 충분히 할 수 있는 과정이며, 마음이의 학습 발달 수준에 따라 가정에서 학습 진도를 가늠할 수 있습니다. 만약 친구들과 함께 있는 상황에서 마음이의 일반 과정 학습을 지원해주고 싶으시다면 일괄적인 수업 진도 계획에 따라 진행되는 학원보다는 개별적인 진도 계획 진행이 가능한 공부방 형식의 교습소를 추천합니다.

그리고 가능하다면 예체능 학원은 1학년 시기에 꼭 시도해보실 것을 추천드립니다. 1학년은 교과의 부담이 가장 적은 학년으로 방과 후 여유 시간이 많습니다. 친구들과 함께 학원버스도 타보고, 시간에 맞춰 학원 수업에 참여하는 경험을 통해 조금은 부족하지만 친구들과 함께할 수 있다는 자신감을 불어넣어줘야 합니다. 우리 마음이가 '친구도 하는 걸 나도 하는 거야.'라고 느낀다면 학교 적응 및 개인적인 발달에 긍정적인 영향을 미칠 수 있을 것입니다.

다른 친구들은 영어, 수학, 피아노, 태권도, 논술 등 5~6개의 학원을 다니는 경우도 많습니다. 마음이는 센터나 복지관 등으로 치료 수업을 다녀야 하기에 모든 것을 학교 친구들과 똑같이는 할 수 없습니다. 그러나 마음이가 함께 부딪혀서 즐겁게 할 수 있겠다 싶은 학원 수업이 있으면 주저하지 말고 입학 상담부터 신청하세요. 마음이의 학습 및 발달 수준을 오픈하고 함께할 수 있겠다고 하면, 마음이와 함께 도전하세요.

단, 아무리 1학년이 교과 과정에 대한 부담이 적다 하더라도 학원을 가게 되면 숙제라는 것이 발생합니다. 이 또한 마음이가 부담을 느끼면 스트레스로 이어질 수 있습니다. 비교적 과제의 부담이 없으면서 마음이가 즐겁게 배울 수 있는 곳인지 꼭 체크해보세요.

마지막으로 학원 이후에는 충분히 집에서 쉴 수 있게 해주세요. 또한 놀이터에서 노는 시간을 남겨두세요. 마음껏 뛰며 자기만의 시간을 누리며 자유롭게 놀 수 있게 해주세요. 그래야 다른 친구들도 관찰하며 스스로 생각하는 마음의 여유가 생기게 됩니다.

"우리 마음이에게 특수체육이 반드시 필요할까요?"

특수체육에 대해 조금 설명해볼게요. 사실 특수체육은 특별한 체육도 특수한 체육도 특공무술을 지도하는 것도 아닙니다. 특수체육은 일반적인 교육 방법으로 교육의 성과를 기대하기 어려운 경우 도구와 방법, 규칙 등을 개개인의 특성에 맞도록 유연하게 변형하여 교육의 성취도를 높이고 신체활동 참여에 조금 더 가까이 가도록 하는 데 목적이 있습니다.

대부분 신체적 장애, 낮은 인지적 기능, 독특한 성향, 부족한 사회성 등으로 특수체육에 참여하며 긍정적 변화를 기대하고 있지만 그 너머에는 다름과 장애의 특성을 포용할 수 있는 통합 환경에서 함께 살아갈 수 있기를 바라는 희망이 있습니다. 통합 환경 참여를 위한 다양한 과정 중 특수체육은 신체활동을 통한 통합환경의 교량 역할을 하고 있습니다.

최근 한 부모님이 "얼마 전 학교에 상담 차 방문했는데 우리 마음이가 체육 시간에 혼자 떨어져 있고, 겉돌기만 하는 모습이 너무 안타까웠어요."라며 하소연하셨습니다. 저도 너무나 안타까웠지만 아이와 다시 이야기를 나눠보니 "저 줄넘기 못해서 재미없어요."라는 이야기에 센터에서의 주제 활동을 줄넘기로 변경하여 진행하였습니다. 몇 주 지나지 않아 스스로도 너무나 하고 싶었던지 10회를 넘어 숫자를 세는 것이 의미 없을 정도로 눈에 띄게 기량이 늘어났습니다. 얼마 후 "저 학교에서 선생님이 줄넘기 칭찬해주셨어요."라는 말에 "줄넘기를 잘했구나."가 아닌 "드디어 수업 안으로 들어가주었구나."라는 대견함과 안도감이 밀려왔습니다. 현란한 줄넘기 기술을 배운 것이 아닙니다. 1회선 1도약 줄넘기이지만 활동에 함께 참여할 수 있다는 것에 아이는 스스로 성취감을 느끼고, 다른 활동 또한 스스로 해낼 수 있는 자신감이 생긴 것만으로도 충분하겠지요. 신체적 장애, 장애로 인한 신체활동, 사회성 부족, 성취감 증대, 학교 체육 진도 등 다양한 이유로 특수체육에 참여하고 있지만 신체활동이 주는 영향력은 저마다의 이유보다 더 많은 가치를 내포하고 있습니다.

5장

우리들은 1학년, 우리 아이에게 꼭 필요한 것들

집에서부터 교실까지,
훑어보는 학교생활 미리보기

1

학교 가는 길의 시작, 등하굣길은 함께해주세요

3월 한 달은 두 손 꼭 잡고 늘 등하굣길 지킴이가 되어야 합니다.
엄마 아빠의 따스한 손길이 꼭 필요합니다.

[등교]

우리 마음이의 학교 적응의 첫 번째 순서! 험난한 학교 등굣길입니다. 각 가정마다 학교 입학을 정한 후 초등학교까지 매일매일 등교해야 하는 과정을 상상해볼 것입니다. 마음이와 걸어서 등교하는 가정도 있고 마음이의 학교 적응을 위해 집에서 조금 거리가 있는 학교를 선택하여 차량으로 등교하는 가정도 있을 것입니다. 어떤 상황이든 초등학교 1학년 3

월, 마음이의 등하굣길은 험난합니다.

입학 후 3월 한 달 동안 마음이는 부모님의 손을 꼭 잡고 대문을 매일같이 나서게 될 것입니다. 학교 가는 3월의 아침은 쌀쌀하지만, 엄마의 손길을 통해 따뜻하게 느껴질 수 있도록 마음이의 등굣길을 함께해주세요. 우리 마음이의 등굣길을 언제까지 도와주어야 한다는 기준은 없습니다. 비장애 가정의 경우 고학년 형제자매가 있다면 입학식 다음 날부터 형이나 언니 오빠의 뒤를 졸래졸래 따라 등교하는 아이들도 종종 볼 수 있습니다.

그러나 우리 마음이는 새롭게 시작하는 학교생활에 대한 적응 기간이 조금 더 필요하므로 한동안은 함께해주세요.

매일매일 학교에 가기 위한 채비를 버거워할 수도 있습니다. 기상 후 아침 먹기, 옷 입기, 세수하고 이빨 닦기 등 학교 등교를 위해 준비하는 과정에 부모님들도 마음이도 지치지 않아야 할 것이지만, 현실은 녹록치 않습니다. 그래서 등교하는 그 길은 안전하게 부모님의 손을 꼭 잡고 등교할 수 있게 해주시면서 마음의 안정을 챙겨주셔야 합니다. 다른 가정의 친구들은 교문 앞에서 모두 남녀가 이별하듯 아이를 배웅해주는데, 우리 마음이만 어색하게 쓸쓸하게 교문을 통과하지 않게 해주세요. 가뜩이나 수줍음 많은 우리 마음이가 학교 교실로 잘 올라가는지도 수시로 확인해주시면서 학교 적응의 시작을 살펴주셔야 합니다. 그리고 학교 교문 앞에서 만나는 같은 반 친구들과 친구 부모님께도 예의 바르게 인사하는 방법을 꼭 가르치면서 아이를 배웅해주세요.

학교는 수업 시간이 정해져 있습니다. 오전 9시에는 수업이 시작되니 아이 등교 준비를 위해 더 부지런해야 합니다. 차량 이동이 불가피한 경우가 아니라면, 아침 등교 시 친구와 만나 학교 가는 방법을 권장드립니다. 학교 앞 횡단보도에서 녹색어머니회 봉사자님들과도 인사를 나누고, 찻길도 건너고 학교 앞에 도착합니다. 이제, 이별을 할 시간인 거죠.

입학 초기에는 교실 앞까지 아이를 데려다주는 가정도 많이 있습니다. 학교에서도 적당히 허용을 해주는 경우도 있지만, 3월 한 달이 지나면 가정통신문이나 알림장을 통해 '씩씩하게 교문 앞에서 엄마, 아빠랑 인사하고 교실 들어오기'가 명시되기도 합니다. 그만큼 아이의 자립성과 독립심을 키워주는 연습이 시작되는 것입니다. 마음이가 혼자 계단을 잘 오르고, 방향과 장소에 대한 기억에 어려움이 없다면 교문에서 아이를 잘 들여보내주세요. 정말 걱정이 되신다면, 마음이가 혼자 올라가고 학교로 교실로 들어가는 모습을 짝꿍 친구를 통해 가끔씩 확인하는 방법도 있습니다. 우리 짝꿍 친구도 서투를 테지만, 마음이를 한두 번씩 지켜보고 챙겨줄 수 있고, 그 모습을 엄마에게 이야기해서 마음이네로 전달될 수 있으니까요.

그럼에도 불안하시면, 담임 선생님은 물론 교문 앞에서 등교 지도를 해주시는 교장 선생님과 보안관님께 사전 협조를 구하신 후 가끔씩 올라가볼 수도 있습니다. 그러나 교문을 통과하고 학교 안까지 들어가실 때 수많은 학부모님들의 시선이 느껴지실 것입니다. 그러니 가끔씩만 들어가보세요. 스스로 교문을 통과하여 교실로 들어가는 마음이를 응원해주세요. 아참! 등굣길부터 배가 고프면 힘든 하루를 보내게 되니, 든든한 아침식사는 필수입니다.

[하교]

하굣길도 동일합니다. 3월 한 달간은 학교 적응 기간이므로 방과 후 교실이 운영되지 않습니다. 그래서 모든 1학년 친구들이 동시에 교문으로 쏟아져 나오듯이 하교를 합니다. 이때, 친구들과 다른 학부모님들 앞에서 우리 마음이를 목청을 높이고 따뜻한 말로 칭찬해주시면서 맞이해주세요. 아이의 자존감이 높아질 수 있게요. 가정의 사정과 환경, 마음이의 수준 등을 고려한다 하더라도 입학 후 최소 한 달은 꼭 마음이의 등하굣길을 챙겨주시기 바랍니다.

그리고 마음이도 이러한 하루의 패턴을 빠르게 익히고 스스로 하려고 하는 태도를 가질 수 있도록 도와줘야 합니다. 그래야 우리 부모님들이 조금 수월히 학교를 보낼 수 있습니다. 아침 등굣길 전쟁을 최소화해야 마음이도 학교생활을 기쁘게 시작합니다. 이건 마음이와 가정에서 함께 노력해야 합니다.

도늬는 쌍둥이 여동생과 늘 함께 학교를 다니고 있습니다. 어린이집, 유치원 시절 늘 함께 다녔던 모습이 학교 등굣길에서도 이어졌습니다. 초등 1학년의 등굣길은 당연히 여니가 짝꿍 친구였습니다. 같이 현관문을 나서지만, 둘이 딱 붙어서 가진 않아도, 근거리에서 서로를 지켜보며 학교로 갑니다. 적당한 거리를 유지하며 가는 남매입니다. 도보로 멀지 않은 거리의 학교였기에 등굣길도 충분히 다닐 수 있는 환경이었고, 입학 전 수차례 책가방을 메고 교문 앞까지 등교하는 연습을 했습니다. 3월 한 달은 7~8번은 교실 앞까지 갔었습니다. 조금 서둘러 학교를 갔고, 선생님과 아이들이 입장하기 전 사물함을 챙겨주곤 했습니다.

1학년 때에는 가급적 다른 친구들보다 먼저 교실에 입장해서 들어오는 친구들을 맞이하게 했습니다. 교실 적응에 충분한 시간이 필요했기에 조금이나마 익숙한 환경에 시작하는 것이 필요하다고 판단되었기 때문입니다. 복도에서 창문 사이로 빼꼼히 쳐다보면, 손을 흔들며 인사하더니, 학교 적응에 익숙해진 도늬는 곧 손사래를 치며 빨리 집에 가라고 표현했습니다. 마음이 놓인 포인트였습니다. 아이들의 시선을 느끼고 파악해가는 도늬의 모습을 보니 한결 마음이 편해졌습니다. 이후에는 특별한 상황이 아니고는 교실을 몰래 보는 일은 없었습니다. 저 말고 다른 부모님들은 아이들 걱정에 이런저런 이유로 교실까지 올라와서 빼꼼히 보고 가기도 했어요. 매일이 아니라 가끔이라면 교내에 들어가는 것이 너무 유난스럽다고 생각 안 하셔도 됩니다. 1학년 3월은 보통 다 그러니까요.

2

바지에 용변 실수해도
안심할 수 있게 준비해주세요

1학년은 누구나 실수할 수 있어요. 그러나 마음이 스스로 학교 화장실을 이용할 수 있는 방법은 꼭 알려주어야 해요.

초등학교에서는 수업과 수업 사이 쉬는 시간에 화장실을 이용합니다. 학기 초에는 아이들과 쉬는 시간에 놀고 학교 교실과 복도를 구경하고 배회하다가 용변을 놓치는 경우도 있습니다. 그리고 간혹 친구들 중에는 수업 시간에 화장실 가는 것이 두렵고 창피해서 실수를 하는 경우도 있습니다. 우리 마음이도 용변 실수를 하는 경우가 발생할 수 있습니다. 그래서 1학년 때는 학교 사물함에 넣어둘 예비 옷을 학교로 보내두는 것이 좋습니다.

반대로 너무 화장실을 자주 가는 경우도 있습니다. 긴장되기도 하고, 교실 외 다른 환기하고 싶은 장소를 찾고 싶어 하는 친구들도 있고, 물을 만질 수 있어서 장난을 치고 싶어 하는 경우도 있고 그 특성도 다양합니다. 혹시 마음이가 가정에서와는 다르게 너무 빈번하게 화장실을 간다는 피드백을 받으시면 원인을 찾아보고, 전환할 수 있는 보다 적절한 방법을 찾아야 합니다.

쉬는 시간에 화장실은 늘 붐비는 장소입니다. 많은 아이들이 동시에 이용해야 하기 때문에 줄을 서서 기다려야 하는 경우가 비일비재합니다. 따라서 마음이에게 아주 급해질 때까지 기다리지 말고 2교시 쉬는 시간에는 소변이 급하지 않아도 화장실에 한 번 다녀오라고 여유 있게 화장실을 이용할 수 있는 방법을 알려주세요.

이번에는 화장실 이용에 대해 우리 마음이가 준비해야 하는 것은 무엇이 있을지 살펴보겠습니다.

첫 번째로 화장실을 가고 싶을 때 표현하는 법을 알고 있어야 합니다. 앞서 말씀드린 대로 용변 실수로 인해 친구들에게 보여주고 싶지 않은 모습을 보이게 되는 상황을 스스로 예방하기 위해서입니다. 쉬는 시간을 이용하지 못했다면, 수업시간에라도 갈 수 있게 손을 들거나 마음이가 표현할 수 있는 방법으로 선생님께 의사를 표시한 후 화장실을 다녀올 수 있도록 준비해야 합니다.

두 번째로 화장실에서 용변을 처리하는 과정을 스스로 해낼 수 있어야 합니다. 우리 마음이가 미숙한 편이라면, 마음이 급해 화장실에서 옷을 벗다가 실수하는 경우도 많이 생깁니다. 따라서 초반에는 가장 편안한 옷을 입혀 학교에 등교하는 것을 권장합니다. 지퍼 달린 바지를 입어도 무방하나 이때에는 반드시 지퍼를 능숙하게 사용할 줄 알아야 합니다. 실제로 많은 친구들이 멜빵 스타일이나 지퍼가 달린 디자인보다는 츄리닝 등 허리 부분이 밴딩 처리된 옷을 입고 등교합니다. 남자아이들 경우에는 소변을 볼 때 바지를 과도하게 내려서 화장실에서 친구들에게 엉덩이를 보이게 되는 경우 놀림의 대상이 될 수도 있으니 적당히 내리는 경계를 알고 실행해야 합니다.

용변을 본 후에는 다시 옷을 가다듬고 손을 닦는 습관을 반드시 익혀야 합니다. 요즘 용변 후 손 안 닦는 친구들은 거의 없습니다. 이미 유치원 시절부터 학습된 행동이기에 손 닦기를 건너뛰면 친구들이 더럽다고 피할 수도 있습니다. 여자 친구들은 휴지 사용과 물 내리기를 알려주어야 합니다. 물 내리는 소리가 무서운 친구들은 화장실 가는 것을 무서워할 수도 있습니다. 가정 외 다양한 장소에서 화장실을 이용해보면서 혼자서 화장실에서 용변을 보고 물 내리는 법도 익혀가야 합니다.

마지막으로 가장 어려운 것이 대변입니다. 대변이 마려운 친구에게 아직 연습이 안 되었다고 참으라고 할 수도 없고, 뒤처리를 확인할 수도 없기에 참 난감한 부분입니다. 가정에서 비데 사용을 하여 쉽게 대변 후 뒤처리를 배운 마음이도 있지만, 학교에는 비데가 없는 곳이 더 많습니다. 우선은 가정에서 일정한 시간(등교 전 혹은 잠들기 전)에 대변을 볼 수 있도록 루틴을 만들어주세요. 그리고 그때마다 휴지로 뒤처리하는 방법을 연습시켜주세요. 만약 마음이가 학교에서 대변 신호가 와서 가야 하면, 담임 선생님, 협력교사 또는 사회복무요원께 도움을 요청하는 방법을 알려주는 것도 방법입니다. 어디까지 도와주실 수 있는지는 상황에 따라 다르지만, 마음이의 신체활동이 불편하거나 화장실 훈련 적응이 정말 미숙하다면 양해를 구하고 도움을 요청하시기 바랍니다. 물론 협조해 주시는 것의 여부는 상황이 다를 수 있으니 만약 뒤처리를 도와주셨다고 하면 반드시 고맙다고 인사를 해주시는 에티켓은 우리 부모님들의 역할입니다.

도늬의 화장실 연습은 유치원 시절부터 준비하였습니다. 손가락 양손 협응이 부족하고 손가락으로 지퍼를 올리고 내리고를 할 줄 몰랐기에 아이의 하의는 늘 고무줄이 달린 바지였습니다. 여전히 바지를 내려 소변을 볼 때 바지를 과도하게 내리는 습관이 있습니다. 엉덩이를 보이지 말라고 바지를 살짝만 내리고 소변을 보라는 훈련에 바지에 실수를 하는 경우가 아주 여러 번 생기다 보니 도늬는 엉덩이를 뒷사람에게 보여주곤 합니다. 지퍼 달린 바지로 옷을 변경해주고 싶지만, 손가락으로 지퍼를 올리고 내리고가 아직까지 어렵다고 하여, 손가락으로 집게 잡기 훈련을 반복하고 있습니다.

대변의 경우 여러 번의 실수가 있었습니다. 학교에서 대변을 하고 온 줄도 몰랐는데, 집에 와서 목욕할 때 보면 속옷에 흔적이 남아 있던 적이 있어 남편이 시범을 보이며 연습을 해주었습니다. 가급적이면 집에서 대변을 보게끔 안내를 해주는 것이 최상의 방법이었고, 학교에서 대변 후에는 꼭 집에 와서 이야기하라고 하였습니다. 더 깨끗이 목욕을 시켜야 했기 때문이었죠. 대변 뒤처리는 연습이 부족하고 집에서는 비데를 사용하기에 밖에서는 여전히 어려운 생리 현상입니다.

쌍둥이 여동생 여늬의 사례를 보면, 학교에서는 화장실을 생각보다 많이 안 갑니다. 걱정이 되는 수준은 아니지만, 복잡하고 가정과 다른 화장실 환경이 여니에게 여전히 불편한가 봅니다. 여니에게는 용변을 너무 많이 참으면 질병이 생길 수 있음을 알려주며, 아픈 곳은 없는지 수시로 체크합니다. 혹시 불편함이 있어 보인다면 요도나 방광에 염증이나 증상이 있는지 부모님이 살펴주셔야 합니다.

센터에서는 쉬는 시간은 소변을 보는 시간임을 알려주시고 '무조건 화장실에 가라'고 이야기를 합니다. 동시에 아침에 조금 일찍 일어나서 변기에 앉아 아침에 일어나서 '응가'를 하면 너무 좋은 습관임을 알려주라고 말씀드립니다. 그리고 혹시나 아침에 성공하지 못해서 학교에서 큰일을 보게 된다면, 큰일을 보고 혹시나 '덜' 닦게 되더라도 그것은 당연한 일이고, 팬티에 묻어도 '너무나' 괜찮은 것이라고도 이야기해주시라고도 말씀드립니다. 혹시 찜찜하다면, 다음 쉬는 시간에 여분의 팬티로 갈아입으라고 알려주시기 바랍니다. 여분의 팬티는 사물함 등 잘 보이지 않는 곳에 검은 봉지가 좋습니다. 앞에서 언급한 사물함에 있는 여분의 옷과 팬티와 별도로 책가방에도 여분의 팬티는 있어야 합니다. 혹시나 배가 아파서 실수를 할까 봐 힘든 경우, 선생님께 말씀드려 집으로 오는 경우도 있으니, 그런 경우도 염두에 두시기 바랍니다.

3

매일 즐겁게 급식실에 갈 수 있도록
지원해주세요

배고픔은 참을 수 없죠. 밥 잘 먹는 아이가 칭찬 받습니다.
그리고 칭찬은 마음이를 춤추게 합니다.

 학교에 가면 우리 마음이가 가장 행복한 시간이 언제일까요? 등교하는
순간? 선생님과 함께하는 수업시간? 체육관에서 아이들과 뛰어노는 체
육시간? 우리 마음이뿐만 아니라 모든 아이들이 가장 좋아하는 시간은
급식시간일 것입니다. 급식실 환경에 적응이 어려운 친구를 제외한다면,
오전 내내 간식 하나 입에 넣지 못하고 기다려온 정오 12시의 급식 점심
시간은 가장 즐거운 시간입니다. 매주 급식 식단표가 나오면 자기가 좋
아하는 메뉴가 나오는 날만 손꼽아 기다리는 경우도 있습니다. 학교의

정원과 급식실의 규모에 따라 급식 시간은 11시 반부터 1시 이후까지도 진행됩니다.

가장 즐거운 시간이기도 하지만, 학교 급식실 적응이 어려운 과제이기도 합니다. 유치원은 급식이 교실로 들어왔지만, 이제는 복도에 줄을 서서 선생님의 지도하에 급식실로 이동하고 식판을 들고 음식 받고 자리로 가 앉아서 먹어야 합니다. 처음부터 쉬운 것은 아닙니다. 식판을 들고 자리로 가다가 흘리는 아이, 음식을 쏟는 아이 등 1학년 급식 시간은 정신이 없지만 이것은 어쩔 수 없이 연습과 훈련, 경험으로 해내야만 합니다. 연습을 통해 충분히 해낼 수 있는 부분이기도 하고, 못 하면 맛있는 점심을 제대로 먹을 수가 없으니까요.

마음이가 급식실에 있는 숟가락, 젓가락 사용법을 조금씩 익혀가는 것도 필요합니다. 저학년을 위한 포크가 구비되어 있기도 하고, 언제까지 포크를 사용해도 된다는 기준은 없지만, 1, 2학년이 지나고 3학년이 되면 포크를 사용하는 아이는 거의 없습니다. 1학년 때에는 교정용 젓가락 사용하는 친구들 많이 있으니 마음이도 서서히 준비해보시기 바랍니다.

우리 마음이가 양손 협응이 잘 안 되는 편이라면 식사할 때, 한 손으로 식판을 고정하여 잡고 다른 한 손으로 수저를 이용해서 밥을 먹는 연습이 필요합니다. 식판을 고정하지 않고 먹으면 쏟거나 흘리는 경우가 많으니까요. 사실 배가 고프면 숟가락이든 젓가락이든 어떻게든 먹습니다. 큰 반찬이 나오면 숟가락으로 잘라먹기도 하죠. 도구를 적절하게 사용한다면 보다 깔끔한 모습으로 식사를 마칠 수 있을 것입니다.

문제는 편식과 식사 거부입니다. 간혹 편식이 심한 아이들이 있습니다. 이것은 마음이들만의 고민은 아닙니다. 흰쌀밥만 먹는다든가, 야채는 전혀 먹지 않는 경우 영양적으로 부족함이 생길 수 있기에 학교에서는 골고루 영양을 섭취하도록 권장합니다. 따라서 일반적으로 그날의 모든 메뉴를 식판에 담아줍니다. 그리고 대다수 급식실에서는 음식을 남기지 않도록 격려합니다. 이때, 체질상 먹으면 안 되는 음식이나 먹지 않는 음식을 억지로 먹으면 체하거나 구토하는 상황이 발생될 수 있습니다. 이는 급식실에서 식사를 기피하는 트라우마를 만들 수가 있기에 조심스러운 부분입니다.

학기 초 기초 조사서에 마음이의 식습관에 대하여 작성 후 제출하셔서 아이가 알레르기, 체질 등의 이유로 먹지 못하는 음식을 학교에 알려주셔야 합니다. 매달 안내되는 급식표에서 혹시, 마음이가 먹지 못하는 음식이 메뉴로 나온다면 선생님께 알려야 합니다. 또한 마음이가 먹으면 안 되는 음식이 있다면 정확하게 인지할 수 있도록 해주시고, 먹기 힘든 음식이 있을 때 '그만 먹고 싶어요.'라고 표현하는 훈련을 해야 합니다.

가정에서 여력이 된다면 급식 메뉴 중 마음이가 먹기 힘들어했던 식재료를 활용한 엄마표 요리를 해주세요. 학교 급식 메뉴는 순환하기 때문에 다음에 그 음식이 나왔을 때 마음이가 도전해볼 용기를 가질 수도 있을 겁니다.

식사 거부는 이유를 찾아줘야 합니다. 다른 친구들은 가장 즐거운 시간이 마음이에겐 가장 힘든 시간이기 때문이죠. 왜 급식실에서 밥 먹는 게 싫은지를 살펴주세요. 낯선 메뉴, 냄새, 어수선함, 줄서기, 어색함 등 그 이유는 다양할 것이기에 이유를 찾아 문제를 해결해주셔야 합니다. 만약 음식이 문제가 아니라 급식실 환경이 문제라면 협의를 통해 다른 장소에서 식사를 할 수 있도록 방법을 마련할 수도 있을 것이고, 음식이 문제라면 가정에서 도시락을 준비해 급식실에서 친구들과 함께 먹을 수도 있겠지요. 따라서 원인을 잘 찾아보시기 바랍니다.

반대로 너무 잘 먹는 친구들도 있습니다. 폭식을 하는 것인데요, 우리 마음이가 폭식을 하는 경향이 있다면 식사량에 대해서도 횟수나 양을 정해주셔야 합니다. 교실에서는 칭찬을 받지 못하다가 급식실에서의 칭찬이 폭식으로 강화되어 우리 마음이에게 비만의 원인이 되기도 합니다. 식성이 좋은 마음이라면, 하교 후 돌아온 마음이에게 오늘 급식을 얼마나 먹었는지 체크해보시는 것도 좋습니다.

급식 시간을 통해 가장 잘 배우는 것이 질서입니다. 배고픔에 질서를 이탈하거나 하면 다른 친구들이 용납하지 않아요. 질서 안 지키는 친구 때문에 나의 배고픔을 참을 수가 없으니까요.

더불어 학교마다 급식실 규모와 학생 정원에 따라 저학년은 교실에서 먹는 경우도 있습니다. 장단점이 있긴 하지만, 이것은 우리 마음이가 선택할 문제는 아닙니다. 교실에서 먹을 경우에는 음식을 받아와서 자기 책상에서 먹기에 먹고 난 후 책상 닦기를 꼭 해줘야 합니다. 급식실에서도 마찬가지이고요. 하교한 우리 마음이의 소매를 확인해주세요. 밥을 먹고 제대로 책상을 닦고 생활했는지를 알 수 있으니까요.

"아들, 오늘은 뭐가 제일 재밌고, 학교에서 즐거웠어?"

"엄마, 난 오늘 급식이 제일 좋았어요. 오늘은 돈까스가 나왔어요."

의사표현이 가능한 도늬에게 학교 하루 일과를 물어보면, 십중팔구 대답은 급식실에서 점심이 좋았다고 합니다. 학교 교실에서 친구들과 놀기, 선생님의 수업 진도를 따라가는 것은 그닥 재밌거나 즐겁지가 않은 눈치예요. 그런데, 급식실에서만큼은 신이 나서 맛있게 밥은 먹고 온다는 도늬입니다. 담임 선생님이나 급식 모니터링을 다녀온 학부모님들 말씀으로는 아주 복스러운 모습으로 시간이 허락하면 두 번씩 먹는다고 합니다. 선생님들의 잘 먹는 아이에 대한 칭찬과 포식의 즐거움을 학교에서 만끽하는 도늬입니다. 그래서 학교 입학 후 살이 제법 많이 쪄서 비만 비율로 들어섰답니다. 이제는 식사량과 운동량을 통해 관리가 필요하지만, 여전히 학교에서는 급식이 가장 행복한 도늬입니다.

도늬는 젓가락질을 잘 하지 못해서 숟가락 하나로 식사를 할 때도 많습니다. 그래서 음식 흘리는 경우가 있어서 가정에서도 꼭 양손을 사용해서 그릇을 잡고 식사하도록 지도합니다. 또한 식판에 밥 먹기, 교정용 젓가락 사용하기, 편식하는 음식 한 개만 먹어보기 등 다양한 연습을 했습니다. 코로나로 인해 식사 중 말하기는 금지되었지만, 우리 도늬에게는 급식이 학교 적응에 있어 행복을 주는 요인으로 작용하여 여전히 즐겁게 점심시간을 기다립니다.

급식 시간을 극도로 혐오하는 친구가 있었습니다. 이유는 여러 가지 음식이 섞인 냄새가 견디기 힘들었다고 했습니다. 마스크를 써도 그 냄새는 코를 찌르는 듯했고, 반찬들을 먹을 수 없었다고 했습니다. 4학년이 되었지만, 아직도 급식실은 견디기 힘든 곳으로 학교에서는 아이에게 도움반에서 식판에 밥을 담아다 먹고 있습니다. 특별한 아이에게 '이유'가 있다면, 학교에서는 '대안책'을 마련해줄 것입니다. 김치 냄새를 싫어해서 걱정이신가요? 특정 음식에 대한 거부가 있으신가요? 학교에 미리 상담해보시길 추천합니다. 공동체 생활이지만, 특수교육대상자인 저희 아이들을 위한 대안책은 분명히 마련될 것입니다.

4

보드게임도 학교도 규칙이 있어요

학교 안에서는 최소한의 규칙이 존재해요.
혼자 규칙 안 지키는 독불장군이 되면 곤란해요.

학교에서는 기본적인 규칙이 있습니다. 좀 더 쉽게 말한다면 질서가 있어요. 선생님의 안내와 지시에 따른 질서와 규칙 외에도 아이들 간에 생활을 통해 자연스럽게 생기는 보이지 않는 규칙과 질서가 있습니다. 간혹, '그런 것이 어디 있어?'라고 하는 학부모님들도 계시지만, 유치원에서도 그렇고 아이들 간에 놀이, 학습 등 생활 속에는 보이지 않는 질서가 존재하기 마련입니다.

가정에서는 안하무인인 친구들도 학교에 오면 더 반듯하게 질서를 잘 따르곤 합니다. 그래서 학교를 보내는 이유이기도 하죠.

우리 마음이가 잘 안 되는 것 중의 하나가 질서 지키는 것입니다. 놀이터 공간이나 순번을 정해서 놀이를 할 때 기다림이 잘 안 되는 경우, 순서를 몰라 다른 친구들에게 불편을 초래하는 경우, 질서나 규칙을 지켜야 하는 상황에 대한 파악이 어려운 경우 등이 대표적입니다. 입학을 앞두고, 학교를 등교하는 마음이에게 반드시 '줄서기'를 가르쳐줘야 합니다. 맨 앞에 서는 게 부담스러운 마음이, 맨 뒤에 서는 게 불편한 마음이가 있습니다. 순서와 줄서기를 꼭 알려주셔서 연습을 해야 합니다. 학교에 가면 매일 하는 줄서기가 있습니다. 아침 등교 후 우유를 받을 때, 학교 급식을 먹으러 줄을 서서 내려갈 때 하루도 빠짐없이 줄을 서서 차례를 기다립니다. 마음이는 먹을 것 앞에서 조급해질 수 있으니, 이때가 가장 좋은 줄서기 질서를 가르치고 배울 수 있는 찬스입니다. 만약 잘 안 될 때에는 동영상 촬영 내용을 보여주면서 다른 친구들의 사례 또는 우리 마음이의 생활을 보여주면서 가르쳐주세요. 더욱 효과적일 수 있습니다.

다음은 착석입니다. 수업시간에 자리 이탈을 하지 않아야 합니다. 담임 선생님이 40분 수업시간 중 가장 아이들을 관리하기 어려운 것 중의 하나가 자리 이탈하는 아이를 살피는 일입니다. 20명 내외의 1학년 아이들이 가장 어려워하는 것도 학기 초반에는 착석이거든요. 몸이 배배 꼬이고, 선생님의 말씀이 어렵고 어색하기도 한 마음이가 자리를 이탈하면 다른 친구들도 집중이 흐트러지게 되면서 수업이 산으로 가게 될 수도 있습니다. 특히 너무 답답함에 책상을 치거나 소리를 지르거나 하는 행동 그리고 교실 밖으로 달아나는 행동으로 선생님이 아이를 붙잡으러 다니는 일은 되도록이면 없어야 합니다. 이는 특히 통합수업 시 행동 중 가장 조심해야 하는 행동으로, 학교에 이러한 행동이 발생하면 주저 없이 연락을 해달라고 하셔야 합니다. 그리고 담임 선생님과 면담을 통해 개선점, 인력 지원 등의 의견을 공유하실 것을 권장드립니다.

추가로 초등학교 교실은 수업의 특성 및 선생님의 수업 스타일에 따라 책상 배열 및 구조가 변화합니다. 코로나로 인해 짝꿍 개념이 조금 사라지긴 했지만, 통상적으로 짝꿍과 같이 조를 구성해서 '따로 또 같이' 책상을 이동하면서 모였다가 흩어지면서 수업을 하는 경우가 많습니다. 물론 담임 선생님의 관리하에 자리 이동, 위치 변경 등이 진행되는데 이때 자기 자리를 못 찾아서 헷갈리거나 매번 친구의 도움을 받아야 하는 경우도 발생합니다. 준비물을 빠뜨리거나 흘리거나 가방에서 찾아 꺼내지 못하는 경우도 1학년 교실에서는 빈번히 일어나는 상황이지만, 우리 마음이에겐 조금 더 안내와 손길이 필요합니다. 자기 책상 옮기기, 준비물 챙기기는 충분히 할 수 있는 일입니다. 방법과 내 일이라는 당위성만 깨닫게 되면 말이죠.

통합학급에서 협력교사 또는 사회복무요원 등 지원인력이 없다면, 1학년 학기 초반 질서와 규칙을 이해하는 데 어려울 수 있습니다. 가정에서도 교실에서 늘 발생하는 상황에 대해서 미리 인지하고 알려주고 천천히 잘 따라 할 수 있게 연습과 준비가 필요합니다.

자기 마음을 적절하게 표현할 수 있도록 알려주세요

교실에서 친구들과 기본적인 소통을 할 줄 알아야 해요.

좋고, 싫고, 기쁘고, 화난 마음이의 마음을요.

우리 마음이는 어디부터 어디까지 표현을 할 줄 아나요? ADHD, 자폐성발달장애, 틱장애, 인지장애, 언어장애, 지체장애 등 다양한 느림의 사유와 다름의 성장 속도를 갖고 있는 우리 마음이가 학교에서 가장 어려워하는 문제는 바로 의사소통입니다. 행동이 좀 느려도, 말이 좀 느려도 의사소통만 원활히 된다면 학교 적응은 시간문제입니다. 그러나 의사소통이 원활하지 않는다면, 친구들도 처음에는 도와주고 함께하려다가도 금방 힘이 빠져 도움을 포기하는 경우가 많습니다. 우리 마음이의 문제

중 탠트럼이라는 것이 일어나는 경우가 친구들과의 사이를 멀게 하기도 합니다. 이러한 우리 마음이를 학교에 보낸 부모님들의 마음은 '오늘 하루만 무사히'란 문장이 머릿속 한구석에 있을 것입니다.

부쩍 의사소통이 어려운 아이들이 더 많아진 추세입니다. 이유는 코로나로 인한 마스크 때문이죠. 상대방의 목소리와 입모양을 보고 모방해야 하는 게 우리 언어 학습의 중요한 포인트인데, 마스크로 상대방의 목소리를 제대로 듣지 못하게 되고, 입모양을 못 보기 때문에 언어지연발달 아이들이 점점 많아졌습니다. 그간 유치원, 어린이집, 학교에서 마스크 착용 의무화로 우리 마음이에겐 친구들의 입모양을 못 보고, 소리 전달이 제대로 안 되서 의사소통이 더욱 힘들기도 했습니다. 이제 실내 마스크가 해제되었지만, 당분간은 마스크 착용은 계속될 것이기에 편하게 마스크를 벗는 날을 손꼽아 기다립니다.

우리 마음이 중에는 상대적으로 더 조용한 경우가 많습니다. 물론 그 반대일 수도 있지만, 학교라는 곳을 통해 다른 친구들과 비교되며 실패 경험 등이 쌓여 자존감이 낮아지고 결국 다른 친구들과 말하거나 행동하는 것에 두려움을 갖게 됩니다. 그래서 표현을 할 줄 알아야 합니다. 특히 수업시간에 울지 않고, 주눅 들지 않고 할 줄 아는 말은 또박또박 할 수 있게 해야 합니다. 물론 선생님의 질문에 어쩔 줄 몰라 얼굴이 빨개지거나 울 수도 있습니다. 하지만 할 수 있는데 자심감이 없거나 눈치가 보여서 눈물을 흘리는 상황에 상처를 받고 또 다른 상처를 만들어가는 마음이가 되지 않게 해주세요. 할 수 있는 건 자신 있게 할 수 있음을 보여

줄 수 있는 마음이가 되어야 합니다.

의사소통의 시작은 관심의 표현입니다. 눈 마주침이 부족한 우리 마음이에게는 상대의 눈을 보고 이야기하는 습관을 가르쳐줘야 합니다. 그리고 누군가 자기의 이름을 부르면 대답과 동시에 쳐다보는 연습도 필요합니다. 가정에서 아이와 함께 친구들과의 수업시간과 쉬는 시간 상황을 예상하여 역할 연습도 해보는 것을 추천드립니다. 연필을 빌려준다든가, 준비물이 없을 때 옆의 짝꿍에게 물어보는 표현을 함께 연습해주세요. 쉬는 시간에 친구들이 주로 하는 놀이 방법과 주된 관심사에 대해 마음이에게 알려주는 것도 요령입니다.

마음이 수준에 따라 좋음, 싫음, 알고 있음, 모름에 대해 표현하는 방법을 알려주시도록 해야 합니다. 유치원과 비교해보면, 유치원은 여러 명의 선생님들이 아이가 잘 모르고 가만히 있어도 옆에서 한 번 더 확인하여 문제 상황을 인지하고 해결해주는 경우가 있습니다. 마음이가 특수 치료 수업이나 일대일 집중 수업을 통해 길들여진 부분이기도 하죠. 가만히 있어도 한 번 더 상황을 판단해서 알려주는 학습 상황이 많았기에 학교 교실에서도 고개만 끄덕이거나 다른 행동을 하는 경우가 많습니다. 담임 선생님은 수십 명의 학생들을 봐야 하기 때문에, 가만히 고개만 끄덕이고, 표현을 하지 않는 우리 마음이가 뭐가 필요한지, 무슨 생각을 하고 있는지 알 수가 없으실 것입니다. 학기 초부터 언어 수준 및 마음이의 특성에 따라 글, 말, 그림 카드, 행동, 몸짓 등을 활용하여 우리 마음이가 표현할 수 있게 도와줘야 합니다. 그래야 선생님들과 같은 반 친구들이 마음이를 이해하여 함께 학습이나 학교 적응이 조금 더 수월합니다.

마지막으로 '싫다'라는 의사 표현을 꼭 가르쳐주세요. 마음이들 중에 친구들하고 놀면서 상처를 받는 경우가 종종 있습니다. 친구들이 하는 놀이를 잘 이해하지 못하지만, 같이 참여하고 있는 상황에 참여하는 것만으로 즐거워하기도 합니다. 쉽게 말하면, 뒤만 쫓아다니는 모양의 놀이 형태가 나타나는데, 간혹 마음이가 싱글벙글 웃으니깐 계속 장난치거나, 웃으면서 싫다고 하는 표정에 친구들은 좋아하는 줄 알고 계속 방해하는 행동을 하는 때도 있습니다. 이럴 때, 단호하게 큰 목소리로 "싫어!", "하지 마!", "나 불편해!"라고 표현할 줄 알아야 합니다. 상황에 따라 얼굴은 웃고 있지만, 말로만 불편을 표현하는 것도 친구들 입장에서는 정말 불편해하는 건지, 좋아하는 건지 구분하지 못하는 경우가 발생되면서, 마음이의 마음과는 다르게 장난이 연속적으로 이어질 수 있기 때문입니다. 표현하는 방법은 마음이의 수준에 따라 다를 수 있지만, 적절하게 마음을 전달할 수 있는 방법을 가르쳐줘야 합니다.

반대로 교실 내 수업과 놀이 등에서 마음이로 인해 상대가 불편한 상황이 발생될 때, 마음이가 멈춤의 사인으로 받아들여야 하는 표현도 가르쳐줘야 합니다. 그리고 고마움과 미안함을 표현해야 하는 상황과 방법도 가르쳐줘야 합니다. 표현의 가장 큰 목적은 의사소통입니다. 따라서 마음이가 상대에게 자신의 마음을 표현하여 존중받을 권리가 있듯이, 상대가 마음이에게 자신의 마음을 표현했을 때 존중해줘야 하는 의무도 있음을 배워가는 것은 반드시 필요합니다.

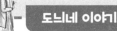

도늬는 학교 입학 시, 글과 그림을 구분할 수 있고, 관심 있는 글자를 읽고 따라 쓰기 정도가 가능했어요. 물론 의사소통에도 어려움이 있었죠. 사회성이 부족했기 때문에 상대방의 눈을 쳐다보지 못하고 불러도 반응이 느리거나 대답이 없는 경우가 많았습니다. 한마디로 표현하면 친구들에게는 딱 오해받기 쉬운 아이였습니다. 그리고 문제는 남들은 알아듣지 못하는 말을 했던 아이였죠. 상황에 맞지 않는 말을 불쑥 뱉어내는 게 특기였습니다. 초반에 친구들은 재밌는 친구라고 신기해했죠. 친구 엄마들도 이러한 엉뚱함을 재밌는 아이라고 귀여워해줬습니다. 하지만, 시간이 지날수록 언어 표현이 문제가 되기도 하였습니다.

예를 들면, 친구들은 축구에 대하여 이야기하고 있을 때, 불쑥 엘리베이터 이야기를 꺼내어 말의 흐름을 끊는 행동 등이 대표적이었습니다. 아마도 친구들과 이야기는 하고 싶은데 도늬가 모르는 주제만 흘러가니 끼는 데 한계를 느끼게 되고, 나름 자신의 입장에서 잘 알고 재미있어하는 주제를 제시해보려는 노력인 것 같았습니다. 안타깝지만 도늬가 선택한 주제는 친구들의 입장이 전혀 고려되지 않은 내용이기에 도늬의 의도와는 다르게 소통이 단절되는 결과를 초래하게 된 것이지요. 이러한 도늬의 의사소통 방법에 대한 친구들의 반응은 신선함-엉뚱함-이상함-무시함이라는 패턴이 나오게 되었습니다. 지금도 아직 자기 생각을 불쑥 이야기하는 도늬입니다. 사회성과 상황 인식 부족은 도늬가 여전히 해결해야 하는 숙제입니다. 어릴 땐 말을 못할까 봐 걱정이었지만, 학년이 올라가면서 이제는 말을 너무 많이 해서, 그로 인해 상황에 맞지 않는 표현이 많아져서 애를 먹기도 합니다. 의사소통 방법은 언어 표현부터 몸짓과 제스처, 표정까지 다양합니다. 책, 동영상, 드라마, 이전 경험 회상 등을 통해 다양한 상황에 따른 적절한 대화 방법과 표현 방법을 지속적으로 연습하며 도늬네는 오늘도 노력하고 있답니다.

사회적 의사소통 의도에는 여러 가지가 있습니다. 가장 먼저 발달하는 것은 '요구하기'입니다. 그리고 '거부하기'이겠지요. 그런데 저는 '부정하기'를 더욱더 강조하고 싶습니다. 저희 아이들에게 '네가 그랬니?'라고 물어보세요. '네.', '응.'이라고 대답합니다. '아니요.'라고 해야 하는 상황이라고 해도 말입니다. 스마트폰을 보고, '이거 인형이야?'라고 물어보세요. '아니오.'라고 할 때까지요. '아니오.'라는 답이 나오려면 집중과 사고력이 필요합니다. 그걸 반드시 끄집어내는 것이 중요하다고 강조합니다.

　그리고 중요하게 강조하는 또 한 가지는 '친구에게는 반말하기'입니다. 어른에게 인사하기를 가르치는 것도 중요하지만, 인사를 안 한다고 아이에게 혼내지 않습니다. 오히려 친구에게 '존댓말'을 하면 속상하겠지요. 입학을 앞둔 친구에게, 어른에게 '안녕하세요', 친구에게 '안녕'을 수 없이 연습시킵니다. 잘 안 된다면, 무조건 '안녕'이라고 가르칩니다. 잘 모르겠다면, 무조건 반말하자. 저는 가르칩니다. 저희 센터 마음이 중에 친구가 시켜서 존댓말을 하고 있는 모습을 본 부모님이 속상해하며 상담을 요청한 사례가 있었습니다. 그 이후로 저는 반말을 하라고 가르치고, 혹시 실수했다면 그때 수정하는 방법을 선택하고 있습니다.

뭐라도 한 가지는 잘하면 무조건 좋아요!

군대에서도 축구 잘하면 인정받는다 하잖아요.

학교에서도 뭐든 하나 잘하면 칭찬받아요. 칭찬의 힘을 키워주세요.

학교 입학 후 교실 내에서 아이들이 서로 잘하는 것을 뽐내는 경우가 있습니다. 아무래도 형제자매가 있는 친구들이 더 많은 것을 보고 배우기 때문에 좀 더 빠르게 성장하는 모습이 보입니다. 이러한 친구들 중에는 학습 능력이 더 좋은 경우도 있고, 예체능 활동에 경험과 능력치가 좋은 경우도 있습니다. 무엇이든 잘하는 것이 한 가지 있다는 것은 주변의 관심을 받을 수 있을 것이며, 스스로에 대한 만족감으로 행복한 삶의 원동력이 될 것입니다.

따라서 우리 마음이에게 학교 환경 내에서 잘하는 것 한 가지는 정말 정말 필요합니다. 아주 사소한 것이라도 상관은 없습니다. 꼭 공부가 아니어도 되고, 운동, 예체능이 아니어도 됩니다. 가장 기본적인 인사만 잘하는 아이가 되더라도 선생님들에게 예쁨받는 아이로 학교 적응에 도움이 될 것이기 때문입니다. 우리 마음이는 행동발달, 인지, 학습 능력이 상대적으로 느리고 부족하지만, 누구보다 인사는 잘하는 아이라는 것을 인식시켜줌으로써, 학교 선생님으로부터, 같은 반 친구들로부터, 같은 반 친구들의 부모님으로부터 착하고 인사성 바른 아이라고 새겨주는 것도 좋은 방법입니다. 우리 마음이들 중에는 인사할 때, 상대방을 쳐다보지 않고 하는 경우가 있습니다. 그리고 누가 인사를 시켜야만 하는 경우 등도 종종 있습니다. 상대방이 보기엔 건성으로 하는 것처럼 보일 수도 있고, 예의가 없어 보일 수도 있는 대목이죠.

잘하는 것 하나를 찾고 싶은데 고민이시라면 가장 쉽고 기본이 될 수 있는 예의바른 아이로 가정에서 가르쳐주세요. 등교 시 교문 앞 보안관 선생님께 큰 소리로 인사하는 마음이, 교실에서 친구들을 보고 친구의 이름을 부르며 인사하는 마음이, 쉬는 시간 복도에서 다른 반 선생님을 보면 배꼽 인사하는 마음이.

이렇게 인사성 밝은 아이로 가르쳐주세요. 이렇게 잘하는 것 하나가 생기게 되면 선생님들로부터 친구들로부터 칭찬과 관심을 받게 되고, 이를 통해 자존감도 높아지면서 학교 적응에 도움이 될 수 있습니다. 여기에 학습 능력, 예체능 활동 등 우리 마음이가 추가적으로 더 잘할 수 있는 재능이 있다면 금상첨화겠죠.

우리 마음이의 학교 적응에 있어서 국어, 영어, 수학에 대한 배움이 발목을 잡는다면, 예체능 활동에 대한 배움으로 전환해보세요. 학교 적응에 대한 자신감으로 이어질 수 있습니다. 학교에서 음악 활동은 악기 연주, 노래 부르기, 율동으로 구분됩니다. 미술 시간은 그리기, 만들기, 접기로 구분됩니다. 체육 활동은 1학년 친구들 사이에서 가장 인기가 많은 과목입니다. 잘하고 못하고를 떠나 체육관에서 모두 즐기고 뛰어노는 시간이기 때문이죠. 마음이가 즐기며 배움을 느낄 수 있는 기회를 만들어주세요. 대체적으로 신체활동이 뛰어난 친구들이 학교 교실에서 분위기를 끌고 가는 경우가 비교적 많으므로 태권도, 축구 등 스포츠 관련 배움을 통해 체육시간에 친구들과 어울릴 수 있는 바탕을 마련해주는 것도 권장드립니다.

이러한 예체능 활동은 수업시간 외에 연말 학예회 또는 학급 장기자랑을 통해 재능과 노력을 마음껏 뽐내는 기회가 생기게 됩니다. 무엇인가 잘하는 것이 있다면 친구들과의 교실생활 또는 학예회 등을 통해 다른 아이들에게 관심의 대상이 될 수 있습니다. 관심사가 비슷한 친구들끼리 어울리면서 자연스레 친구 관계도 형성하고, 학교 적응과 안정감으로 교실이 편안해질 수 있기 때문입니다.

마음이의 재능을 찾아내는 것도 중요하지만, 할 수 있는 것을 잘 보여주는 것도 필요합니다. 해냈다는 성취감과 주변의 칭찬과 친구들의 관심은 우리 마음이의 자신감으로 이어질 것입니다.

도늬네 이야기

　초등학교 1학년 입학 준비에 도늬는 남편과 체육 활동을 많이 했습니다. 스포츠를 좋아하는 남편은 아이에게 태권도, 수영, 축구, 배드민턴 등 다양한 체육 활동을 경험시켜주었습니다. 이 중 도늬에게 가장 잘 맞는 체육 활동은 자전거 타기였습니다. 5살 때부터 자전거를 가르쳤고, 7살에 두발 자전거를 타고 아파트 단지를 휘젓고 다녔습니다. 학교에서는 느리고 서투른 아이였지만, 아파트 놀이터에서는 동네 1학년 꼬맹이들 중에는 두발 자전거를 가장 잘 타는 아이였습니다. 그래서 친구들과 놀이터에서 자전거를 함께 타면서 어울리곤 했습니다. 자전거를 곧잘 타는 아이로 인식해서, 학교에서도 자전거 이야기로 공통 관심사가 형성된 친구들이 생겼습니다. 그리고 남편 주도하에 친구들과 자전거로 인근 공원까지 다녀오는 나들이로 친구들과 방과 후 모임을 이끌며 학교 안팎에서 도늬의 생활 모습을 더욱더 자주 노출시켜주었습니다.

　물론 학교 안에서 자전거를 잘 타는 모습을 보여줄 수 없지만, 방과 후 놀이터에서 친구들과 어울릴 수 있는 환경에 잘하는 것 하나는 반드시 학교 적응에 도움이 된다는 것을 확인했고, 그 무엇이든 아이의 소소한 재능을 발견하고 학습시켜주는 역할이 필요하니 꼭 명심하시고 아이를 잘 살펴주세요.

어느 날 마음이가 "저 할리갈리컵스 엄청 잘해요."라며 주말에 사촌집에서 해봤는데 자기가 1등 했다고 자랑을 하였습니다. 몇 주 후에 아동은 할리갈리컵스를 학교에서 해보고 상처를 받고 와서, 다시 가르쳐달라고 하였는데 알고 보니 룰을 확실히 알지 못해서 친구들이 껴주지 않았다고 하였습니다.

아이에게 무언가를 알려주실 때는 '정확한 방법'으로 하는 것을 알려주시되 못하는 것을 잘한다고 거짓으로 칭찬해주시지 마시기 바랍니다. 아이에게 잘못된 칭찬은 오히려 다른 곳에서 우스운 꼴을 당하게 할 수 있기 때문입니다. 정말 잘할 수 있도록 충분히 연습시켜주시고, 자신감과 자존감이 높아질 수 있도록 아이와 함께해주시기 바랍니다. 기왕이면 트렌드를 알아보시고 핫한 것을 연습시켜주세요. 이제 와서 몇 년 전에 유행한 팽이를 잘 돌리게 된다면? 안 됩니다.

착석과 모방만 잘해도 반은 먹고 들어갑니다

잘하지 못해도 눈치껏 따라만 가도 무리 속에서 생활할 수 있어요.
모방을 위해 가능하면 발표 순서는 중간으로 요청하세요!

착석과 모방은 초등학교 입학 전 유치원 시절부터 준비가 되어야 합니다. 앞서 말씀 드린 대로, 학교 수업 40분에 대한 인내가 필요합니다. 우리 마음이를 비롯한 초등학교 1학년 친구들에게 40분 착석은 결코 쉬운 일이 아닙니다. 물론 가만히 앉아만 있어서도 안 되겠죠? 일단 착석을 하면 보다 집중 가능한 상태로 전환됩니다. 착석을 하여 집중하기 시작했으면 모방을 활용해야 합니다. 학교 수업 참여에 있어서 모르는 것은 옆 친구 것을 보고 배워야 합니다. 우리 마음이에겐 보고 배워야 할 대상이 반드시 필요합니다. 그래서 완전통합으로 목표를 잡았던 것이기도 하죠. 마음이의 능력에 따라 짝꿍 친구가 한 것을 보고 모방한 흔적이 있다면 오늘 학교에서의 수업 태도는 100점을 주셔도 될 것입니다. 어찌 보면 마음이가 착석, 집중, 모방을 하기 위해 노력했다는 증거니까요.

그렇다면 착석과 모방은 어떻게 연습해나갈 수 있을까요?

먼저, 앞에서도 계속 강조한 착석입니다. 여러 번 설명드리는 이유는 그만큼 중요하기 때문이죠. 우선 40분 수업을 견뎌내야 하는 것을 목표로 해야 합니다. 당연히 수업시간의 관심도와 집중에 다르겠지만, 한 자리에서 30분은 착석할 수 있게 가정에서 또는 치료 수업에서 지도해주셔야 합니다. 그리고 그 시간도 처음엔 10분, 20분에서 30분 그리고 40분까지 늘려주셔야 합니다. 늘리는 방법은 먼저 간식 먹기, 장난감 놀이부터 쉽게 가는 것을 추천합니다. 그리고 마음이가 좋아하는 놀이학습으로 이어주셔야 합니다. 색칠하기, 선 긋기, 책 읽어주기 등으로 엉덩이를 의자에 붙이는 경험을 늘려주시고 마음이의 적응 훈련 수준에 따라 학습양, 난이도를 높여주실 것을 권장드립니다. 우리 부모님의 욕심으로 처음부터 어렵고 집중하기 힘든 과제, 학습 내용을 전달하려고 하면 아이는 금방 엉덩이가 떨어지고 말 것입니다.

착석한 김에 학습도 진행하면서 두 마리의 토끼를 동시에 잡고 싶겠지만 그러다 두 마리 다 놓칠 수도 있습니다. 먼저 착석부터 잘 연습시킨후 학습으로 자연스럽게 이어지는 것을 추천합니다. 가능하다면, 가정에서도 학교 책상과 유사한 환경을 만들어 간식도 먹고 경우에 따라선 밥도 먹이면서 아이의 착석 경험을 늘려주세요.

착석을 위해서 꾸준한 연습 외에 필요한 것이 지구력이 필요합니다. 지구력이 부족한 마음이는 집중력이 흐트러지며 자세가 나빠지게 되어 자리 이탈을 하게 됩니다. 지구력은 체력과 관련 있습니다. 달리기, 축구, 걷기, 등산, 자전거 타기 등 하체를 좀 더 활용하는 체육 활동과 바깥놀이로 하체 근육과 상체 근육을 밸런스 있게 잡아주세요. 적절한 바깥놀이로 마음이의 체력이 40분을 유지할 수 있는지 살펴보시면서 키워주시면 좋습니다. 바깥놀이에 금방 지쳐버린다면, 착석의 시간도 비례할 수밖에 없습니다. 그만큼 집중력이 떨어질 수밖에 없으니까요.

다음은 모방이에요. 우리 마음이가 초등학교에서 가장 중요하게 배워야 하는 항목입니다. 학교 선생님의 가르침도 중요하지만, 또래 친구들이 어떤 말을 하고 어떤 행동을 하고 무엇에 관심이 있고, 어떻게 꾸미고 학교에 오는지를 살펴보는 것도 필요합니다. 친구들의 놀이 문화를 함께 하며 사회성을 배울 수 있기 때문입니다. 요즘 들어 가장 안타까운 것은 코로나로 인해 마스크 착용으로 대화가 줄고, 아이들이 함께 어울리며 노는 놀이 문화가 제한되었다는 것이죠. 그럼에도 불구하고 어떤 방식으로든 다른 친구들의 행동, 언어 사용, 학습 및 놀이 문화를 배우려 노력해봐야 합니다. 부모님이 우선 마음이 또래 친구들이 어떻게 지내는지에 대해 관심을 가지고 정보를 습득하여 마음이에게 알려주는 것도 방법입니다.

물론 담임 선생님한테도 설명을 드려서 다른 아이들의 학습, 놀이, 행동들의 좋은 모습을 잘 보고 따라 할 수 있게 협조 요청도 드려야 하구요. 간혹 교실 내 폭력적 행동과 부정적 언행을 사용하는 친구들을 모방하는 경우도 있으니 난데없이 과격한 표현이 발생되었을 때에는 어디서 배웠는지도 확인해주며 올바른 표현으로 바꿔주어야 합니다. 학교 입학 후 훨씬 더 들리는 게 많아지기 때문에, 친구들이 사용하는 말투나 언행을 배워서 가정에서 사용하는 경우가 많아질 것입니다. 좋은 표현보다 안 좋은 것을 더 먼저 배우는 게 사람이기에, 가정에서 잘 사용하지 않는 단어나 문장을 구사하는 마음이를 볼 때 부적절한 내용은 수정을, 새롭게 표현하는 내용에는 칭찬을 해주셔서 다른 친구들의 행동과 모습을 수용하고 모방을 계속 이끌어주셔야 합니다.

학교 입학 전 도느는 쌍둥이 여동생 따라쟁이였습니다. 여니의 행동을 보고 좋아하는 것도 좋아하고, 싫어하는 것도 따라서 싫어하였습니다. 학교를 다니면서 확실히, 듣고 말하는 언어 능력이 좋아졌습니다. 물론 언어치료 수업도 꾸준히 진행하고 있지만, 학교에서 친구들의 대화 속에서 듣고 말로 표현하는 내용이 다채로워졌습니다. 사실 안 좋은 것을 더 먼저 배워왔습니다.

"짜증 나.", "어쩔티비 저쩔티비" 등 부정적 단어나 아이들 간 놀림성 표현들을 집에서 시도 때도 없이 해서 그때마다 몇 번이고 수정해주었던 적이 있습니다. 반면에 "꽤 멀었어.", "훨씬 빨랐어." 등 부사어를 넣어서 표현할 줄 아는구나 하고 탄식이 날 정도의 단어 구사에 학교 가서 확실히 잘 보고 배우는 게 있구나 칭찬을 아끼지 않는 하루하루였습니다.

시대에 맞게 가르쳐야 하는 것도 저희의 몫이라고 생각합니다. 솔직히 7년 전 저는 '베라, 사빠딸'이라는 단어를 듣고 무슨 말인지 몰랐습니다. 설마 마음이 부모님은 '베라 사빠딸'이 '베스킨라빈스 사랑에 빠진 딸기'인 걸 오늘 알게 된 건 아니겠죠? 요즘은 아이들이 줄임말을 정말 많이 사용합니다. 그래서 최근에는 수업시간에 전단지를 가지고, "오늘은 주문하기 놀이를 할 거야.", "쥬시에서 '딸바', '초딸바'를 주문했다면?"이라고 이야기합니다. 고지식하게 줄임말을 무조건 쓰지 말라고 하기보다는 너무 줄임말을 쓰지 말고, 적당히 쓰자고 이야기하는 것도 방법인 것 같습니다. 그리고 네이버 사전으로 검색하면서 수업을 진행하는 요즘 신조어사전도 한 번씩 찾아보는데 학부모님께서도 그렇게 해보시라고 권하고 있습니다.

8

용모 단정 부분!
우리 반 상위권이 될 수 있게 도와주세요

마음이가 스스로 멋을 좀 부릴 줄도 알아야 해요.
멋짐과 예쁨은 학기 초반 인싸가 될 수 있어요.

마음이네 아침은 오늘도 분주합니다. 유치원 버스를 매일같이 붙잡고 있던 시간은 과거형이며, 이제는 9시까지 학교를 가야 합니다. 비장애 1학년 초등학생 친구들도 아직 혼자 옷을 제대로 입지 못하는 경우가 많습니다. 혼자 옷을 입겠다는 의지가 있고, 노력이 있으면 다행이지만 그렇지 않고 언제나 그러했듯이 옷을 입혀주기를 바라고 기다리는 마음이라면 이제부터는 혼자 최소한의 옷을 하나씩 입는 습관을 알려줘야 합니다.

내 옷은 내가 입어야 하고, 벗고 입을 줄 알아야 우리 마음이네의 하루의 시작, 아침이 좀 더 활기찹니다. 양말 신기도 가르쳐주고 윗옷 입기, 바지 입기도 가르쳐줘야 합니다.

아이가 자고 일어나서 머리는 뜨지 않았는지, 단정하게 머리는 잘 묶여졌는지, 아이가 아침을 먹고 입을 제대로 닦았는지, 바지나 티셔츠를 거꾸로 입은 것은 아닌지, 아이가 양말은 제대로 신었는지 등을 살펴주세요. 당연한 이야기이지만, 말씀드리는 이유는 좀 더 가꾸고 옷도 잘 입혀서 학교에 보내주셔야 선생님들도 아이를 바라보는 시선이 달라집니다. 물론 우리 마음이네 아침은 어느 가정보다 더 바쁘고 정신이 없습니다. 한편으로 아침에 현관문을 열고 마음이가 학교로 나섰다는 것만으로도 감사한 아침일 수도 있습니다. 설령 그렇게 힘든 아침을 시작했더라도, 마음이와 함께 두 손을 잡고 학교로 가는 그 시간에 아이의 옷을 한번 더 챙겨주시고, 예쁘고 잘 생겼다고 칭찬해주시면서 학교로 등교시켜주세요.

학교에서 담임 선생님들이 가장 먼저 살펴보는 것 중 하나가 가정통신문과 알림장 회신과 아이들의 복장 상태입니다. 매일같이 다른 아이들보다 더 꾸미고 치장할 수는 없더라도 반듯하게 옷을 입혀서 학교에 보내주세요. 그러한 마음이의 모습을 통해 가정에서 마음이에 대하여 신경쓰고 있음을 직간접적으로 보여주셔야 선생님들도 감각적으로 캐치하여 학교 적응에 더욱 함께할 것입니다.

마지막으로 마음이 스스로가 본인이 옷 입는 것에 대해 주도성을 가질 수 있도록 선택과 연습의 기회를 주어야 합니다. 입혀주는 것만 매일 입는 아이가 아닌, 좋아하는 스타일을 스스로 선택하고 착용하며 성취감을 느낄 수 있게 해주세요. 그래야 스스로 생각하며 삐뚤어진 바지도 추켜 입고, 거꾸로 신은 신발도 똑바로 신는 마음이가 될 테니까요. 그러한 경험이 쌓이면 날씨와 스케줄에 따라 스타일을 정하고 능숙하게 착용하는 마음이로 성장할 수 있을 겁니다.

도늬 1학년 때 혼자 옷 입기는 불가능했습니다. 양말부터 연습시키면서 겨우 2학년 돼서야 편안한 티셔츠, 바지를 입고 벗기를 하였습니다. 1학년 때에는 학교 교문을 통과하는 시간에 늘 앞에서 아이의 옷맵시를 잡아주곤 했습니다. 교문 앞에서 엄마의 손을 뿌리치고 들어가는 아이, 울먹이며 들어가기 싫은 아이들 다양하지만 공통점은 한결같이 깔끔하게 옷을 입고 등교한다는 것입니다. 하의는 학교에서 용변을 보는 데 불편함이 없도록 허리에 밴딩이 있는 디자인이지만 다양한 소재와 색상으로 준비하고, 상의는 밝은 색 계통으로 준비하여 매일매일 깔끔하고 준수하게 옷을 입혀 보내려고 나름 노력했습니다. 아직 입학 전이라면, 아침에 초등학교 교문 앞에 나가보시면 선행학습이 되실 것입니다. 동네마다 환경과 상황의 차이가 있겠지만, 우리 아이가 다닐 학교에 아이들은 어떤 복장으로 잘 입고 다니는지 미리 살펴보시는 것도 좋은 공부가 되실 것입니다. 도늬의 경우 이제는 제법 스스로 좋아하는 옷들을 골라 입기도 하고, 외출 시에는 꼭 모자를 쓰고 나가면서 본인 스스로 스타일을 따지곤 합니다. 이런 모습에 많이 성장함을 느끼는 도늬네입니다.

싼 게 비지떡이라는 말은 옷에는 크게 적용되지 않는 것 같습니다. 아이들 옷은 싸고도 괜찮은 옷이 많습니다. 또 너무 비싼 옷은 많이 사서 입히기에는 부담이 클 수 있습니다. 하지만, 기왕이면, 아이에게는 예쁘고 멋진 옷을 입혀주시기 바랍니다. 가격을 말씀드리는 건 아니고, 아이에게 딱 맞는 너무 크거나 작지 않는 어울리는 옷으로 입혀주시기를 권합니다. 들어갈 때와 나올 때 다소 차이가 있겠지만 기왕이면 우리 마음이들이 가장 깔끔하고 예뻤으면 좋겠습니다. 센터에서도 아이를 가르치는 입장이기에 복장을 살펴봅니다. 센터에서 선생님들이 느끼는 것과 학교 선생님들도 같은 마음이시겠죠.

9

최소한의 루틴,
아이가 인지할 수 있도록 해주세요

학교생활의 반복 패턴,

마음이가 스스로 하게 되면 부모님들이 편해집니다.

학교는 입학식 다음 날부터 바로 시간표대로 수업이 진행됩니다. 물론 3월 한 달 동안은 말랑말랑한 적응 기간의 수업이 진행되지만, 그 또한 시간표대로 운영됩니다. 따라서 등교 전 학교에서 해야 하는 기본 적응 루틴(반복되는 일)을 알려주시는 것이 필요합니다.

가장 먼저 등하굣길에 대한 안전 관리입니다. 인도와 차도를 알려주시고, 찻길을 건널 때 지켜야 하는 안전 행동을 알려주셔야 합니다. 비가 오는 날엔 조금 더 눈에 띄는 옷을 입을 수 있게 해주시고, 우산은 투명

한 것을 가져갈 수 있게 등굣길 루틴을 잡아주세요.

다음은 학교 교문을 들어선 후 학교에서 스스로 해야 하는 마음이의 역할을 알려주셔야 합니다. 학기 초 잘 안 된다 싶으면 담임 선생님께 말씀을 드리고 도움을 주는 것도 필요합니다. 우리 마음이가 안 되는 부분이 있다면, 확인을 해주시고 가르쳐주셔야 합니다. 다른 친구들 하는 모습도 보고 따라 해야 하고, 안 되면 도움도 요청할 줄 알아야 하루를 제대로 시작할 수 있습니다. 다음은 하루도 빠짐없이 반복되는 교실에서의 일상이에요.

- 친구들과 선생님께 인사하기
- 교실 앞 실내화 갈아 신기
- 신발 정리하기
- 교실 입장 후 자기 책상에 앉기
- 겉옷 벗고 의자에 걸어 놓기
- 가방 벗고 책상에 올리기
- 준비물 꺼내서 책상 정리하기
- 가방 책상 걸이에 걸기
- 사물함 물건 정리하기
- 착석 후 아침 자율학습하기(책읽기 외)
- 아침 우유 마시기
- 수업 시작

위의 하루 루틴을 잘할 수 있게 도움을 주셔야 합니다. 스스로 할 수 있는 것도 물어보시고, 해당 내용을 하교 후 잘했는지, 옆의 짝꿍이나 짝꿍 부모님을 통해 우리 마음이가 학교에서 하루의 기본을 잘했는지 살펴봐주세요. 그리고 수업이 진행되고, 수업에서의 학습 행동과 쉬는 시간에 화장실 가기, 점심시간 급식 먹기를 알려주셔야 합니다.

만약 마음이가 한글과 숫자에 대한 개념, 그리고 시간까지 이해한다면 시간표를 학교 등교 전 집에서 출발하기 전에 알려주세요. 오늘 해야 할 수업과 시간을 확인하는 것이 마음이가 하루 일과를 준비하는 데 더 큰 도움이 될 것이니까요. 부모님들이 모두 파악하지 못한 마음이만 알고 좋아하는 과목이나 시간, 요일이 있을 것입니다. 반복되는 루틴 속에 아이의 호불호를 확인하실 수 있고, 좋아하는 요일, 시간표가 확인이 된다면 좀 더 예습, 연습, 훈련 등을 해서 그 시간만큼 더 자신감 있게 할 수 있도록 도와주시는 것이 우리 가정에서의 루틴 알려주기 속 보물찾기입니다.

도늬는 학교 적응 준비를 위해 유치원과 서울시 은평병원 어린이발달센터 낮병원에서 '학교 준비반'을 1년, '학교 적응반' 1년 총 2년 동안 학교생활을 배웠습니다. 최근 들어 유치원 졸업 후 학교 적응을 위한 '학교 준비반' 프로그램들이 발달센터나 복지관 등 다양한 기관에서 많이 늘어나고 있는 추세입니다. 장애진단을 받은 친구들뿐만 아니라 경계성에 있는 아이들도 학교 적응에 많은 어려움이 발생하고 있기 때문입니다.

　도늬는 낮병원 '학교 준비반'을 통해 많이 배웠습니다. 5명 이내로 구성된 경계성 및 자폐성발달장애 특수교육대상자 아이들로 한 그룹을 구성해서 진행이 된 프로그램이었습니다. 학교 등교부터 교문에서 부모님과 떨어지는 상황, 학교 교실로 들어가는 모든 상황을 하나씩 챙겨준 프로그램이었습니다. 친구들과 인사, 실내화 갈아 신기부터 신발주머니 정리, 책상 착석과 서랍 잘 정리하기까지 우리 도늬와 비슷한 수준의 학교 입학을 준비하는 친구들이 함께했습니다.

　1학년 입학 후에는 그 친구들과 '학교 적응반'이라는 이름으로 다시 구성하여 학교에서의 부족한 부분에 대한 핀셋 교정으로 1학년 학교 적응에 많은 도움을 받을 수 있었습니다. 학교 입학 전 우리 마음이가 다니고 있던 기관이나 발달센터에 학교 도움반이나 학교 적응반 형식의 교육 프로그램이 있다면 참여해보실 것을 권장드립니다.

아이마다 중요하게 생각하는 것이 있습니다. 좋아하는 것과 싫어하는 것도 있습니다. 주간 시간표를 냉장고나 방문, 현관문 등에 붙여두시는 것을 추천하고 있습니다.

시간표의 틀은 사진이나 글자, 그림 등 자유롭게 붙여가며 아이와 함께 만들어주시기 바랍니다. 요일별로 시간표처럼 만들어서 아침마다 붙여가셔도 좋을 것입니다. 글자 시간표를 만든 후, 다른 한쪽에는 매일 확인하면서 다른 스티커로 완성해나가는 것도 방법입니다. 주간, 월간을 완성해가면서 날짜의 개념을 알려준다면 일석이조가 될 것입니다.

6장

엄마 아빠도 1학년, 학부모들에게 꼭 필요한 것들

부모부터 꼼꼼하게 체크해야
아이도 안심합니다

담임 선생님과 좀 더 친해져볼까요?

담임 선생님하고 친해진다고 손해 볼 거 하나도 없습니다.

우리 마음이가 초등학교 입학이 정해지면 부모님들께서는 고학년 자녀를 키우는 선배 부모님들에게 연락을 하게 될 것입니다. 학교 시설은 어떤지, 학생들의 수준이나 성향은 어떤지, 선생님들은 어떠신지 등 학부모 입장에서의 전체적인 궁금증에 대해 물어보실 수 있을 겁니다.

그 중에서 우리 마음이네 담임 선생님은 누구인지, 성향은 어떠신지 혹시 우리 마음이와 같은 학생을 지도해보셨는지가 가장 궁금하시겠지만 입학식까지 기다리셔야 합니다. 3월 2일, 입학식에 드디어 담임 선생님을 만나보실 수 있습니다. 우리 마음이 1학년 담임 선생님의 외모, 성별, 나이 등 눈으로 바로 확인하거나 가늠할 수 있는 점도 있지만, 선생님의 성향에 대해서는 확인할 방법이 막막합니다. 아무래도 느린 아이를 학교에 보낸 부모의 마음으로 우리 선생님이 아이들을 어떻게 이끌어 가시고, 또 어떻게 우리 마음이에 대하여 생각하실지가 궁금할 것이니까요.

각 가정에서는 자녀를 키우는 가치관, 교육 목표 등이 있습니다.(아직 없으시다면, 이제 1학년 입학을 준비하면서 우리 가정에선 우리 마음이와 자녀들을 어떻게 성장시킬지에 대하여 고민하시고 정립하는 것도 필요합니다.) 담임 선생님도 학급을 운영하시는 데 중요하다고 생각하는 각기 다른 가치관이 있습니다.

담임 선생님의 성향을 확인하는 가장 빠르고 공식적인 방법은 학교 홈페이지나 e알림 서비스, 학부모 통신문 등에 올려진 선생님의 교육관과 1학년 학급 운영 방향을 살펴보는 것입니다. 또한 학기 초 담임 선생님께서 발송하는 안내문의 내용을 보다 자세히 살펴보실 것을 추천드립니다. 추가로 학부모 총회 때 담임 선생님이 학급 운영에 대한 계획과 방향을 설명하시는 시간을 가지실 것입니다. 물론, 우리 마음이의 성향과 수준에 모두 맞춤형일 수는 없지만, 이러한 성향 파악을 통해 여러 가지로 발생할 수 있는 상황에 대하여 유연하게 대응할 마음의 준비를 할 수 있습니다.

학교 선생님은 다양한 업무를 합니다. 가장 중요한 업무는 수업시간에 학생을 가르치며 학급을 운영하는 것이지만, 그 외에도 학부모님들이 잘 알지 못하는 다양한 업무를 수행해야 합니다. 그래서 1학년 학기 초에는 그 어떤 베테랑 선생님도 정신이 없이 바쁘기에, 교사를 조용하게 신뢰하는 학부모님께 감사함을 느낍니다. 마음이가 "학교 가는 게 좋아요." 또는 "담임 선생님이 좋아요."라는 이야기를 한다면 그 문장 속에서 마음이가 학교 적응을 잘하고 있음을 확인할 수 있을 것입니다. 마음이가 학교 적응을 잘하고 있는 데에는 선생님의 성향을 현명하게 캐치하여 적절한 도움을 제공해주신 학부모님들의 노력이 뒷받침되었다는 것을 잊지 마시고 마음이의 학부모로서 자긍심을 가지시기 바랍니다.

특수학급 선생님과 친해지는 비법이 있나요?

특수학급의 정원 인원이 선생님과의 친밀도를 좌우할 수 있어요.
마음이들 6명을 한 번에 상대하기엔 선생님이 버거워요.

완전통합으로 초등학교 목표를 잡은 마음이네라 하더라도 특수교육대
상자로 선정이 되었다면, 완전통합이든 부분통합이든 우리 아이에게는
두 명의 담임 선생님이 계시게 되는 것입니다.

그렇다면 특수학급 선생님은 어떻게 학생들을 가르치고 관리하는지,
특수학급 선생님과 관계 형성을 잘할 수 있는 방법은 무엇일지 마음이의
부족함을 얼마큼 챙겨주실지 궁금하고 고민될 겁니다.

우선 우리 학교의 특수학급 상황을 살펴봐야 합니다. 우리 마음이에

대한 지원은 마음이의 발달 정도 및 특수학급 학생들의 정원(인원수), 발달 수준, 도움이 필요한 정도, 수준차 등 상황을 고려하여 계획됩니다. 특수교육대상자가 점점 늘어남에 따라 수도권 대부분의 특수학급은 6명 정원을 꽉 채워 운영됩니다. 특수학급을 늘려달라는 목소리는 계속되고 있지만, 그 요구가 만족스럽게 받아들여지는 데에는 많은 시간이 필요할 것으로 생각됩니다.

특수학급 선생님은 크게 부분통합과 완전통합 형태로 마음이들의 학교 적응을 지원합니다. 부분통합의 경우 특수학급에서 같은 학년의 친구들과 격차가 벌어진 과목이나 국어, 수학 등 기본적 학습이 필요한 과목을 마음이의 수준에 맞게 재구성하여 교육합니다. 현장체험학습이나 마음이가 혼자 참여하기 버거운 모둠 형태의 수업이 진행될 때면 제각기 다른 마음이들의 학급 스케줄에 맞춰 마음이가 수업에 참여하는 것을 담임 선생님과 함께 돕습니다.

완전통합의 경우 수준별 교육을 진행하지는 않지만 특수교육 전문가로서 담임 선생님 및 학부모에게 마음이가 교실에서 보다 잘 생활하기 위해 필요한 정보, 교육 방법, 교재 등을 지원합니다. 그렇기 위해서 수시로 마음이의 담임 선생님과 소통하고 관찰하며 관심을 놓지 않습니다.

혹시 특수학급 선생님은 담임 선생님보다 담당하는 학생수가 적으니 훨씬 더 많은 교육적 서비스를 지원해줄 수 있다고 기대하거나 마음이를 더 챙겨줘야만 하는 선생님으로 생각하시나요? 그렇다면 상황을 좀 더 자세히 들여다보실 필요가 있습니다. 담임 선생님께는 조심스러워 이야기하지 못하는 부분이나 특수학급 선생님께는 조금만 아이가 불편해하거나 불이익을 받는다 생각하면 이의를 제기하는 경우를 종종 보았기 때문입니다. 정원이 꽉 찬 6명의 학생 그리고 각기 다른 장애 정도, 학습 수준, 행동발달을 갖고 있는 1학년부터 6학년의 학생을 가르치고 전반적인 학교 적응을 챙긴다는 것은 결코 쉬운 일이 아닙니다.

초등학교는 1학년에 막 입학한 아이들 눈높이에서는 좀 외로운 곳입니다. 유치원에서는 두 팔 벌려 아이를 안아주고 사랑해주는 선생님들이 계셨지만, 학교에서는 아무도 우리 아이가 예쁘다고 안아주고 뽀뽀해주는 경우는 없습니다. 만약 그런 행동을 보인다면 요즘은 문제 행동으로 민원을 받을 수도 있기 때문입니다. 특수학급 선생님도 마찬가지로 특수학급의 마음이를 조금은 객관적으로 바라보고 교육하시는 초등학교 선생님입니다. 보조 인력이 있다면 좀 더 수월하게 진행할 수 있겠지만 그렇지 않은 경우가 많기 때문에 특수학급에서 민원을 받는 경우가 생기는 것 같습니다.

그렇다면, 특수학급 선생님이 어떤 환경에서 우리 마음이를 좀 잘 살펴봐주실 수 있을까요? 특수학급의 구성 인원을 확인해야 합니다. 정원이 꽉 찬 학급인지와 학년별 마음이의 구성이 어떠한지, 마지막으로 마음이 간의 수준이 비슷하거나 장애의 유형이 심하게 차이가 나는지 등을 살펴보시면 좋습니다. 앞서 언급한 내용 중에 정원 인원도 여유 있고, 비슷한 학령기와 유사한 장애 유형의 마음이들이 학급을 이룬다면 조금 더 수월하게 아이들과 생활할 수 있겠지만 반대로 극명하게 마음이들의 특성이 다르다면 교사로서 가르칠 수 있는 환경에 한계에 부딪히기 때문에 학부모님들의 이해와 협조도 필요합니다. 이러할 때에는 통합학급의 병행의 비율을 늘리면서 우리 아이의 학습 환경을 조정해줄 필요도 있습니다. 특수학급 선생님의 근무 환경이 좀 더 나아진다면 분명 우리 마음이에게도 한 번의 손길과 가르침이 갈 것은 분명합니다. 그러하니 특수학급 선생님들의 노고를 이해해주시는 마음과 그 상황을 고려하여 대화하는 방법을 가져가실 것을 권장합니다.

같은 반 친구 엄마랑은 어떻게 친해질까요?

같은 반 친구 엄마 다섯 명과 친해져 보세요.
우리 마음이의 학교생활이 편해집니다.

마음이가 특수교육대상자로서 특수학급에서 생활하는 1학년을 보낸다면, 우리 마음이는 같은 반 친구뿐만 아니라 특수학급에서 만나는 다른 반 친구 또는 선배와도 새롭게 사귀어야 하는 과정이 필요합니다. 이와 마찬가지로 우리 마음이 보호자들도 같은 반 학급 친구 부모님도 사귀어야 하고, 또한 특수학급에서 우리 마음이와 같이 생활하는 다른 가정 마음이네와도 교감을 해야 합니다. 마음이의 1학년을 반드시 엄마가 전적으로 맡아 진행해야 하는 것은 아닙니다. 아빠가 하셔도 아무 문제없습니다. 하지만 현실적으로 많은 가정에서 자녀교육에 대한 교류는 '엄마'가 더 힘을 쏟는 경우가 많기에 엄마들과의 소통의 중요성에 대해 말씀드립니다.

그렇다면 어떻게 같은 반 엄마들, 특수학급 엄마들과 교감하며 우리 마음이 학교 적응에 도움을 줘야 할까요? 아무래도 1학년 마음이 부모로서 더 바쁠 수밖에 없습니다. 이유는 두 개의 다른 그룹의 조금은 다른 성향의 엄마들을 사귀어야 하기 때문이죠.

먼저, 1학년 마음이네는 부모는 다른 가정보다 조금 더 바빠야 할 것입니다. 다른 엄마들과 공식적으로 만날 수 있는 곳은 앞서 언급되었던 '학부모 총회'입니다. 학기 초에 진행하는 이 행사를 통해 우리 마음이가 다니는 학교의 같은 반 아이들과 엄마들을 만날 수 있고, 이때 엄마들끼리 연락처를 교환하며 밴드나 단톡방을 통해 비공식적인 모임과 친구 사귀어주는 역할을 할 수 있습니다. 어색하더라도 다른 엄마들에게 먼저 다가서며 소통을 할 것을 권장드립니다.

두 번째는 등교 후, 하교 시 교문 앞에서 만나는 자연스러운 만남으로 몇 번의 인사와 대화를 나누고 나면 본격적인 티 타임을 나누며 아이들의 초등학교 생활에 대한 정보를 공유하고 그룹을 형성하기도 합니다. 가급적 이런 모임이나 만남이 생길 때 마음이의 늦음으로 주저하지 않으셨으면 합니다. 각 가정과 마음이의 상황에 따라 아이의 늦음과 다름을 여전히 말씀 안하시는 경우가 있지만, 학년이 올라갈수록 격차가 생기게 될 때 어린 시절부터 교감한 친구들과 그 가정의 부모들이 조금이나

마 우리 마음이를 더 챙겨주고 보듬어주는 메신저의 역할을 해줄 수 있기 때문입니다. 같은 반 엄마들과의 모임이 형성된다면, 우리 마음이의 다름을 설명해주고, 다름에 대한 가정에서의 노력을 오픈하며, 부족하지만 씩씩하게 학교에 다니는 모습의 인상을 심어주셔야 각 가정 간 교류와 친구로서 자연스럽게 사귐을 이끌어주셔야 합니다.

다음은 특수학급 엄마들과의 교류입니다. 느린 아이를 키우는 마음이네가 모인 동병상련이 깊은 그룹으로 마음이들의 학교 적응에 서로가 더 필요하기에 학교를 상대로 요청하거나 제안할 내용들을 공유하며 자연스럽게 똘똘 뭉치게 되는 경우도 많습니다. 그러나 간혹 경쟁적 관계로 생각하며 소통을 하지 않으려는 엄마들도 계십니다. 특수학급에서의 지원이 빡빡하다 보니 다른 마음이들 때문에 우리 마음이가 특수학급과 학교에서 배려받는 부분이 적어진다는 생각 때문이죠.

처음 1학년에 입학하면 특수학급에서의 생활과 패턴 등을 알려줄 사람도 마땅치 않고, 정보도 많이 없는 게 사실입니다. 그래서 특수학급 내 1년 선배 엄마가 있다면, 우리 학교의 특수학급 운영 시스템이나 1년 동안 다니면서 좋은 점과 개선이 필요한 상황, 그리고 마음이가 어떻게 수업을 받는지 등을 먼저 다가가 물어보시면서 마음이의 1학년 특수학급 적응에 도움을 받으시기 바랍니다.

이렇듯 다른 엄마들과 소통을 하기 위한 1학년 우리 마음이네 가정도 분주하여, 부모 모두가 일을 한다는 것은 현실적으로 쉬운 일은 아닐 겁니다. 대부분의 가정에서도 1학년 준비를 위해 부모 중 한 사람이 잠시

휴직을 하거나 일에 집중하는 시간을 줄이는 경우가 다반사입니다. 그래서 만약 1학년 마음이를 학교에 보내는 맞벌이 가정이 계시다면 가능하시다면, 엄마든 아빠든 1년 정도는 온전히 아이를 뒷바라지해주실 것을 권장드립니다. 만약 그런 여건이 안 되신다면 최소 1년간은 주변 학부모님들과의 소통과 교감을 위해 방법을 찾아 노력해보시기 바랍니다.

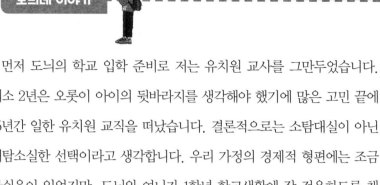

먼저 도늬의 학교 입학 준비로 저는 유치원 교사를 그만두었습니다. 최소 2년은 오롯이 아이의 뒷바라지를 생각해야 했기에 많은 고민 끝에 15년간 일한 유치원 교직을 떠났습니다. 결론적으로는 소탐대실이 아닌 대탐소실한 선택이라고 생각합니다. 우리 가정의 경제적 형편에는 조금 아쉬움이 있었지만, 도늬와 여니가 1학년 학교생활에 잘 적응하도록 챙겨주는 데 있어서 저 스스로도 만족하였습니다. 직장 생활로 엄마들 간 교류가 그간 부족했기에 1학년 쌍둥이 각 반의 엄마들과 크고 작은 모임 참여가 재밌었습니다. 직장인으로서 느껴보지 못한 소소한 정보, 동네 아줌마들 간의 수다가 저에게도 큰 힐링이 되었고 그 덕분에 학교에 대한 많은 정보도 얻게 되었습니다.

그리고 특수학급 엄마들 간의 교류에는 약간의 민감함이 있었습니다. 소통의 과정에서 다른 마음이에게 특수학급 선생님의 손길이나 보조 인력의 지원을 뺏기는 것은 아닐까 걱정과 경계가 느껴졌기 때문입니다. 저는 그 중 다행히도 따뜻한 심성을 지닌 1년 먼저 학교에 입학한 선배 엄마와 친해져서 학교에 대한 많은 정보를 받았습니다. 특수학급 선생님의 성향과 학급 운영 방식, 학급 내 다른 마음이들의 수준과 성향, 학교 개선사항 등 일반학급 엄마들이 아니면 알 수 없는 디테일한 정보를 많이 얻게 되어 도늬의 학교 적응에 많은 도움이 되었습니다.

쌍둥이다 보니 여니네 반 엄마들과도 소통을 소홀히 할 수가 없었기에, 1학년 때는 자연스레 도늬네, 여니네, 그리고 특수학급 엄마들 간 모임까지 3개 그룹의 엄마들과 소통하느라 정신없이 한 해를 보냈습니다. 그렇게 쌍둥이들의 학교 적응과 1년차 초딩 학부모의 엄마 적응을 함께 했습니다.

아이와의 소통보다 엄마들과이 소통은 더 어려울 수 있습니다. 어쩌면 일 대 다수의 소통이 될 수 있기 때문입니다. 저는 어머님들께 한 분 한 분 소통하시라고 권해드립니다. 저는 센터 수업시간에 한 아동에게 '친해지고 싶은 다른 반 친구에게 편지 쓰기'를 통해 소통을 시작하는 경험을 했습니다. 자연스럽게 아동 간에 편지(와 간식)를 주고받게 되면서, 어머님들이 연락을 주고받게 되는 계기가 되었습니다.

바깥놀이에 주저하지 마세요! 놀이터 활용법

놀이터에서 노는 건 공짜입니다. 이 좋은 공짜를 놓치지 마세요. 많은 시간을 놀이터에서 함께해주세요.

초등학교 1학년 입학 후 초봄의 쌀쌀한 날씨의 3월이 지나면 동네 놀이터에는 초등학교 1학년 친구들로 북적입니다. 1학년이 가장 먼저 하교를 하기에 자연스럽게 1학년 친구들이 놀이터를 장악하고 놀 수 있는 기회가 많았습니다. 놀이터 놀이는 우리 마음이도 편하고 재미있게 놀 수 있는 시간이며 이 시간을 잘 활용해서 다른 친구들의 놀이 문화도 배우고 신체활동을 함께하며 어울림의 기술을 배우고 경험할 수 있습니다.

우리 마음이의 특성 중 다른 친구들의 놀이나 행동에 전혀 관심이 없는 경우가 있습니다. 그만큼 상호 작용이 어려워서 경우에 따라서는 같은 반 친구가 누구인지도 모르는 경우도 있습니다. 그만큼 자연스러운 상호 작용이 쉽지 않다는 것인데요, 조금은 편안한 장소에서 친구들과 교감하는 시간을 늘려주셔야 합니다. 마음이의 사회성 발달을 위한 최적의 장소는 놀이터입니다.

지난 코로나 시기에는 학교 안팎으로 친구들과 교감하는 게 어려웠지만 이제 놀이터는 해맑게 뛰어노는 친구들 무리와 자연스럽게 어울릴 수 있는 공간으로 점점 돌아오고 있습니다. 물론 우리 마음이의 다른 행동과 혼자 놀기에 몇몇 친구들은 경계심을 보일 수도 있고 호기심 어린 눈빛으로 관심을 보이는 친구들도 있을 수 있습니다. 이러한 모든 상황을 어릴 때일수록 더 많이 노출시켜줌으로써 다름을 이해할 수 있게 해줘야 합니다.

이때, 부모의 역할이 중요합니다. 놀이터에서 자연스럽게 같은 반 또는 같은 학년 친구 엄마도 만나면서 자연스럽게 격차를 좁히며 엄마가 먼저 아이를 위해 적극적으로 어울려줘야 합니다. 같은 반이 아니라고 어색하게 지낼 필요 없습니다. 계속 학교를 다닌다면 졸업하기 전까지는 한두 번은 꼭 마주칠 친구들이고 학부모님들이기 때문이죠.

우리 마음이는 한 번 같이 어울렸다고 해서 쉽게 친구들과 친해지기에는 무리가 있다는 것을 우리 가정에서도 이미 경험을 통해 잘 아실 것입니다. 다른 아이들과 어울림이 쉽게 되지 않더라도 놀이터에서 놀 수 있는 시간을 자주 가지셔야 합니다. 같은 반 친구, 다른 반 친구들이 자연스레 섞여 노는 모습 속에서 놀이의 순서, 질서, 방법 등을 조금씩 보고 배워나갈 수 있을 겁니다. 친구들 놀이 문화에서 배운 것이 자연스레 학교 교실에서도 이어질 것이고, 익숙한 놀이에서 친구 사귐과 학교 적응으로 이어질 수 있습니다.

1학년 방과 후 치료 수업, 학습 보충 등도 좋지만 마음이가 뛰어놀 수 있는 놀이터에서 자주 놀게 해주면서 체력도 키워주고 친구들과 다른 친구 학부모님들께도 노출시켜주시면서 보다 적극적으로 아이의 학교 적응을 도와주세요. 1학년 때부터 아이에 대한 다름에 소극적으로 행동하신다면, 계속 움츠리게 될 것입니다. 그 시작을 놀이터에서부터 마음이도 각 가정도 함께하실 것을 권장드립니다.

마음이의 교육 방법, 헷갈리게 하면 안 돼요!

마음이를 가르치는 다양한 방법과 많은 선생님들.

담임샘, 특수샘, 특수치료사, 센터선생님까지…

들쑥날쑥 학습 수준은 부모가 마스터가 되어야 해요.

초등학교에 입학을 계획하고 상상해보니, 학교 등교에 대한 목표가 하나씩 생기고 계신가요? 아직도 감이 안 잡히시나요? 학교 입학 후 새로운 것을 많이 경험하게 되는 마음이네는 마음이 급해질 수 있습니다. 이미 다른 친구들과 비교하는 마음이 우리 부모님들의 가슴과 머릿속을 가득 채울 수도 있고, 상대적인 박탈감에 또 다른 학습과 학교 적응을 준비할 수도 있습니다.

가정에서의 기대치가 높아질 때, 우리 마음이는 어떠할까요? 각 교육 시간마다 마음이를 담당하는 선생님의 기준에 따라 교육 방법이 달라질 수밖에 없기에 혼란스러움이 나타날 것입니다. 거기에 방과 후 치료 수업이나 가정에서의 교육 방법이 추가된다면, 마음이를 담당하는 선생님은 최소 5명 이상(담임 선생님, 특수학급 선생님, 치료사, 부모, 방과 후 선생님 등)이 될 수도 있을 것입니다.

이때 마음이가 헷갈리지 않게 해주셔야 해요. 그래서 부모님이 가장 중점을 두고 마음이가 잘 배울 수 있는 교육 방법을 정하는 것이 필요합니다. 마음이가 부족하지만, 통합학급에서 아이들과 함께 배우는 것을 따라 하려는 의지가 있다면 당연히 통합학급에서의 비중을 늘려줘야 합니다. 반면에 1대 다수의 수업을 진행하는 담임 선생님의 수업 진행 방식에 전혀 어울리지 못하고 퇴보, 이탈 등의 문제행동이 늘어난다면 특수학급에서의 시간을 더 늘려주면서 집중적인 교육으로 해주셔야 합니다. 마음이는 하루에도 몇 번이고 반을 옮겨 다닐 수도 있습니다. 그리고 다른 교육 방법을 준비가 되지 않은 상태에서 일방적으로 받아야 하는 상황들도 발생할 수도 있죠.

교육하는 방법의 수준을 너무 차이 나지 않게 하는 것이 좋습니다. 너무 현저하게 낮은 수준의 학습을 가르칠 때에는 난이도를 높여서 진행해줄 것을 요청하셔야 합니다. 이러한 교육 수준과 방법을 부모님들께서 챙겨서 선생님들께 반드시 전달해주셔서 서로의 차이를 알 수 있게 하는 역할이 무척 중요합니다. 통합교육, 개별화교육, 특수치료교육 등 상황과 장소, 학습 수준에 맞는 적절한 교육 방법이 마음이에게 적용되어야 합니다. 그 중심은 우리 부모님들입니다.

그리고 교과 과정을 완전통합으로 진행하겠다는 목표를 세우셨다면, 대형서점이나 온라인을 통해 교과서를 추가로 구입하세요. 요즘은 교과서를 가정으로 가져오지 않고 학급 사물함에 보관하기 때문에 가정에서는 활용할 수 없습니다. 예습과 복습은 마음이의 학교 수업시간에 대한 부담을 줄이고 학습에 대한 이해를 높일 수 있는 방법이 될 수 있기에 추천드립니다.

가정통신문 = 학교와의 징검다리

담임 선생님은 가정통신문 잘 못 챙기는 가정을 별로 안 좋아합니다.
징검다리를 발로 차면 안 되겠죠?

학교에서 돌아온 마음이를 만나면 오늘도 학교생활을 잘 마무리하고
온 것에 대해 격려해주세요. 그리고 또 내일은 어떤 준비물을 챙겨야 하
는지 혹시라도 담임 선생님으로부터 전달 사항이 있는지를 확인해야 합
니다. 이러한 내용이 가정통신문을 통해 전달됩니다.

과거에는 모든 가정통신문을 종이로 제공했지만, 최근에는 신청서를
받는 것을 제외하고는 대다수 온라인 앱을 활용합니다(e알리미, 클래스
팅, 하이클래스, 아이엠스쿨, 학교종이 등). 종이로 가정통신문으로 받을

때에는 꾸깃꾸깃 아이의 가방 속에 파묻혀 꺼냈겠지만, 지금은 반대로 너무 많은 문서 전송과 공지사항 안내로 내용을 놓치는 경우도 발생합니다. 이럴 땐 같은 반 학급 엄마 등과 소통하여 놓치는 부분이 없도록 더블 체크 해주셔야 합니다.

1학년 입학 후 3월에는 정말 많은 알림이 핸드폰을 울리기 시작합니다. 가정통신문 앱으로 전송이 되면 알람이 울리고, 이를 받아본 학부모님들 간 정보 공유 및 체크하는 카톡 및 밴드에 질문이 동시다발적으로 울리는 것을 경험하실 것입니다.

가정통신문으로 전달되는 내용은 학부모에게 반드시 필요한 사항이기에 꼼꼼히 살펴보아야 합니다. 특히 학부모 총회, 상담, 운동회, 체험학습 등의 일정은 따로 메모하여 일정을 관리해야 합니다.

가정통신문 내용의 중요도는 발송하는 방식으로 알아차릴 수 있습니다. 학교에서 같은 내용의 가정통신문을 앱으로 보내고 종이에 출력해서도 보냈다면 그만큼 중요한 내용이거나 반드시 회신이 필요한 문서일 가능성이 높으므로 놓치지 않고 체크하시기 바랍니다. 만약 가정통신문을 앱으로도 보내고, 알림장에 1번으로 언급해주셨다면 교사 입장에서 매우 중요하게 생각하는 내용이라는 것을 감지하고 확인하셔야 하며, 회신이 필요한 경우라면 꼭 기한에 맞춰 보내시기 바랍니다.

요즘은 대다수 학교가 온라인 앱을 통해 가정통신문, 과제, 알림장 역할을 사용하고 있어요. 우리 쌍둥이들은 같은 학교에 다니지만, 같은 반이 된 적이 없어서 담임 선생님이 늘 달랐습니다. 학교에서 공통으로 사용하는 온라인 앱이 있었지만 선생님들마다 추가로 사용하는 알림 앱이 달라서 초반에는 적응하는 데 어려움이 있었습니다. 총 3개의 앱을 통해 쌍둥이들의 가정통신문 내용을 확인해야 했으니까요. 그리고 간혹 쌍둥이들의 반 알람이 헷갈려서 준비물을 혼동해서 챙긴 경우도 있고요. 지금은 좀 적응했지만, 학기 초반에는 앱 알람에 정신을 못 차렸던 기억이 많습니다. 학년이 올라가고 아이들에게 핸드폰이 생기면 아이의 기기와 아이디로 설치하여 숙제 제출과 알림장 등을 같이 확인할 수도 있으니 참고하세요.

엄마의 관심을 알림장으로 표현해주세요

작은 표현이 마음이의 자존감을 높여줍니다.

알림장은 매일매일 담임 선생님이 내주시는 숙제나 준비물, 학교 일정 등 중요한 사항을 알리는 중요한 노트입니다. 1학년은 중요한 전달사항이 많고 아이들이 구두로 가정에 전달하는 것이 어려울 수 있기에 매일 알림장을 사용한다고 생각하셔야 합니다. 그렇다고 한글 익히기에 너무 조급해하지 마세요. 대개 1학기에는 선생님께서 알림 내용을 프린트해서 나눠주시고 아이들이 알림장에 붙여가도록 진행하십니다. 본격적으로 아이들이 받아 적는 것은 2학기부터 시작된답니다. 만약 2학기에도 우리 마음이가 보고쓰기와 받아쓰기가 버겁다면 담임 선생님께 1학기와 동일한 방법으로 알림장을 전달해주실 것을 말씀드릴 수도 있습니다.

　알림장 우측 상단에는 보호자의 사인란이 있습니다. 교사는 사인의 여부에 따라 알림장 내용이 보호자에게 전달되었는지를 확인할 수 있습니다. 그래서 이 공간에 우리 마음이가 알아 볼 수 있는 엄마, 아빠만의 사인이나 메모, 메시지를 전달하는 것을 권장드립니다. 알림장을 단순히 확인했다는 내용뿐만 아니라, 마음이가 알림장을 열어봤을 때, 엄마 아빠가 마음이를 응원하고 있다는 내용을 마음이뿐만 아니라 담임 선생님, 특수학급 선생님께서도 직간접적으로 확인할 수 있도록 메모 등을 써주시면 더욱 좋습니다. 마음이가 알림장의 엄마 아빠의 사랑 표현이 불편하다고 할 수도 있습니다. 다른 친구들의 알림장에는 없는데 내 것에만 있다는 사실에 부끄러울 수도 있으니까요. 그럴 때에는 포스트잇을 사용하시는 것도 권장드립니다.

　"마음아, 오늘도 사랑해♡♡♡" 이런 응원의 메시지로요.

마음이의 포트폴리오를 만들어주세요

마음이 성장의 기록, 작은 메모 습관으로 준비하세요.

천천히 성장하는 우리 마음이를 소개해야 하는 시간이 찾아옵니다. 그 방법은 특수학급 선생님, 담임 선생님, 마음이의 치료기관과 협의하여 계획할 수 있습니다. 3월이 지나면 너무 늦습니다. 3월 2주~3주쯤 일정을 잡아보세요. 장애진단을 받은 마음이라면 조금은 다르고 특별한 사항을 친구들에게 소개하며, 장애인식 교육을 덧붙여 진행하는 것을 권장합니다. 다름을 이해하고 장애에 대한 편견을 깨우쳐주는 교육 시간인데요, 우리 마음이를 위해서는 반드시 필요한 수업 과정입니다.

우리 마음이를 소개하는 방법으로 영상이나 사진 슬라이드를 활용하세요. 어린 시절부터 지금까지 성장해온 과정과 마음이가 학교 친구들에게 전달하고 싶은 메시지, 그리고 마음이가 할 줄 아는 학습, 운동, 취미 등을 담아 구성하면 됩니다. 마음이가 원한다면 우리 마음이만을 위한 시간이 될 수 있게 직접 영상을 촬영할 수도 있습니다. 참고로 너무 많은 것을 보여주면 아이들도 지루해할 수 있으니 런타임은 2~3분 이내로 해주시고, 친구들이 좋아할 만한 단어와 캐릭터, 놀이 등 관심을 끌 수 있는 내용을 덧붙여주면 좋습니다.

마음이에 대한 소개의 시간이 끝나면 같은 반 친구들이 마음이의 다름을 조금이나마 이해하고 배려해주는 모습이 생길 것이라 기대해봅니다. 그리고 영상 외에 담임 선생님과 특수학급 선생님 등 학교 선생님들께 전달해야 할 내용은 서류로 간단하게 정리해서 전달하세요. 별도 양식에 구애받지 않고 마음이가 어떤 진단과 특별함이 있고, 가정에서 학교 입학과 적응을 위해 준비한 내용과 지금 학습 수준, 치료 병행 내용 등 과거와 현재, 그리고 희망하고자 하는 학교 적응 목표 등을 기입해주시면 좋습니다. 마음이의 포트폴리오는 학교, 센터, 병원 등에서 새로운 선생님을 만날 때마다 유용하게 활용될 수 있습니다. 선생님들이 우리 마음이를 단시간에 자세히 이해할 수 있고 부모의 마음가짐도 알릴 수 있으니까요. 만약 어린 시절부터 마음이의 수준을 정리해놓은 게 없으시다면 지금부터라도 마음이의 포트폴리오 만들기를 시작해보시기 바랍니다.

담임 선생님과 특수학급 선생님께는 도늬의 성장 히스토리와 장애진단, 그리고 치료 수업과 통합과정을 통해 발전하고 있는 내용, 도늬가 할 수 있는 수준의 학습, 놀이, 발달 상태와 아직은 부족한 부분과 함께 과거 발현되었던 탠트럼 행동에 대한 염려 등을 서류로 정리하여 제공하였습니다.

같은 반 친구들에게는 도늬가 4살 때부터 다니던 치료기관의 선생님이 학교로 방문하여 게임과 영상을 활용한 수업을 진행해주셨습니다. 도늬가 주인공이 되는 OX 퀴즈, 도늬에게 친구들이 편지 써주기, 도늬의 신호에 따라 풍선 날리기 게임과 도늬가 잘하는 것, 도늬가 친구들에게 하고 싶은 이야기, 도늬가 공부하는 방법 등의 내용이 담긴 영상물을 활용하여 친구들에게 소개하였습니다. 도늬에게는 친구들의 중심에 서보는 기회가 되었으며, 친구들에게는 도늬에 대한 관심이 높아지는 계기가 되었습니다. 특히 여자 친구들이 더 귀엽게 챙겨주면서 학교 적응에 도움을 주었고, 담임 선생님께서도 더욱 긍정적인 시선으로 도늬의 학교 적응을 위한 도움을 주셨습니다. 학기 초에 진행되었던 이 시간이 도늬의 학교 적응에 큰 힘이 되었습니다.

9

쉬는 시간에 친구와 노는 법을 알려주세요

쉬는 시간에 무엇을 했는지 물어보고 확인하세요.
그리고 다른 아이들이 뭘 하고 노는지 함께 배워야 해요.

2022년도에 방영된 자폐성발달장애를 갖고 있는 변호사 캐릭터를 그린 드라마 〈이상한 변호사 우영우〉에는 다양하고 특별한 캐릭터를 가진 인물들이 있습니다. 저에게 그중에 단연 눈에 띈 인물을 꼽으라면 주인공 우영우도 아니고, 잘생겼는데 마음도 훈훈한 이준호도 아닌 바로 '우영우'의 단짝친구 '동그라미'입니다.

만약, 우리 마음이에게도 '동그라미'와 같이 마음도 넓고 편견 없이 자기만의 색깔로 세상을 공유하고 교류할 수 있는 친구가 생긴다면 참 좋겠다는 생각을 했습니다. 마음이가 자기와 맞는 친구를 만난다는 것은 학교 적응을 떠나 마음이의 인생에 있어 가장 큰 바람일 수도 있습니다. 하지만, 우리 마음이는 스스로 친구를 사귈 수 있는 의지, 능력, 자신감이 늘 부족합니다. 친구들에게 다가가고 싶지만, 방법이 서투르거나 용기를 내지 못해 주변만 맴돌다 마는 일이 허다합니다.

친구가 되려면 서로에 대한 호감과 공감이 필요합니다. 다행히도 1학년 초등학생에게 호기심은 늘 열려 있으니 공감할 수 있는 방법을 찾으면 됩니다. 이러한 공감은 쉬는 시간에 친구들끼리 장난을 치고 이야기를 하면서 형성이 됩니다. 그런데, 우리 마음이는 쉬는 시간을 어떻게 활용하는지를 잘 모릅니다. 수업시간에 대한 학습 방법, 태도는 배웠지만 쉬는 시간에는 친구들과 어떻게 놀아야 하는지에 대하여는 배운 적이 없기 때문입니다. 가르쳐준 것이라고는 화장실을 다녀오라는 이야기만 했을 뿐이죠.

쉬는 시간에 친구들과 놀기 위해서는 가장 기본적인 놀이 패턴과 기술을 익혀주시면 좋습니다. 가위바위보가 가장 대표적인 것입니다. 누가 먼저 놀이를 이끌든 놀이의 시작을 알리는 것 중에 하나가 가위바위보입니다. 쉬는 시간에는 교실 내 비치된 보드게임을 삼삼오오 모여서 하기도 합니다. 간단한 보드게임은 가정에서 연습하고 학교에서 할 수 있게 해주세요. 순서를 정하고 게임의 순번, 게임의 승패 여부를 판가름하는 난이도가 낮은 보드게임으로 마음이도 친구들과 놀 수 있게 준비해주셔야 합니다. 학교에서 친구들이 하는 것을 보고 스스로 방법을 익히거나,

친구들이 가르쳐주기엔 10분의 쉬는 시간은 모두에게 너무 짧습니다.

다만, 순서를 지키지 않거나 룰을 이해하지 못해서 게임이나 놀이를 흩트리거나 게임 승패에서 남을 놀리거나 쉽게 포기함으로써 게임의 분위기를 망가뜨리는 행위는 친구들로부터 게임 참여가 없다는 표시로 느껴질 수 있기에 매우 주의해야 합니다. 마음이에게 그런 양상이 보인다면 소거할 수 있도록 부모님이 함께해주셔야 합니다.

마음이로 인해 친구들이 불편을 느낄 수 있는 부분과 그 이유를 명확하게 설명해주시고, 적절한 대처법을 알려주세요. 룰을 이해하지 못했다면 친구들에게 물어볼 수도 있고, 관찰만 할 수도 있고, 집에 와서 부모님께 도움을 요청할 수도 있을 것입니다. 게임을 중단하고 싶으면 친구들에게 사과하고 양해를 구해야 함을 알려주세요. 게임 승패에서는 서로를 위로하고 축하하는 방법을 알려줄 수 있을 것입니다. 쉬는 시간에 반드시 열정적으로 친구들과 함께 놀아야 하는 것은 아닙니다. 다만, 교실 내 친구들이 가장 즐거운 시간이 쉬는 시간이라는 것은 자명한 사실이기에 쉬는 시간을 통해 친구들의 놀이도 모방하고 어울림을 시도해보는 것이 필요합니다.

만약, 마음이가 다른 친구들의 놀이 문화에 적응하기 어렵고, 관심이 없다면 화장실에 다녀온 후 색종이접기나 색칠하기 등 간단히 혼자 할 수 있는 취미를 챙겨주셔도 됩니다. 어쩌면 이를 보고 다른 친구들이 먼저 호기심과 관심을 보이며 자연스레 마음이에게 다가올 수도 있기 때문입니다.

도늬에게 쉬는 시간에 노는 법을 잘 알려주지 못했어요. 쉬는 시간까지 체크해줄 만한 여유가 없었습니다. 도늬가 학교 등교에 어느 정도 적응이 되자 학교생활이 궁금해졌어요. 그래서 1학년 때 옆 반이었던 여늬와 같은 반 친구들의 이야기를 통해 쉬는 시간의 도늬 모습을 유추해보았습니다. 도늬가 쉬는 시간에 하는 일은 소파에 누워 쉬거나 복도 엘리베이터 앞에서 서성이며 엘리베이터를 누가 타는지 구경하는 것이었습니다. 도늬가 좋아하는 교실 문 열고 닫기, 엘리베이터 작동 관찰하기 등의 행동에 대해 친구들이 아주 일시적 호기심을 보였지만, 놀이로 확장되기에는 한계가 있었습니다. 행동이 빠르고 마음이 너그러운 여자 친구들이 가끔은 도늬의 패턴놀이를 중재하고 자신들의 놀이에 참여시켜주기도 하였지만 도늬는 그 친구들과의 놀이보다는 자신의 놀이에 집중하는 것을 더욱 즐겼습니다.

5학년에 올라간 지금도 도늬만의 패턴놀이는 계속됩니다. 그러나 달라진 것은 패턴놀이 외 도늬가 즐기는 놀이가 많아졌다는 것입니다. 또한 친구들의 놀이에 관심을 가지고 참여하고자 하는 마음을 표현하기도 합니다. 이러한 관심이 초등학교 1학년 때도 있었다면 얼마나 좋았을까 하는 아쉬움과 안타까운 마음도 있지만 우리 도늬도 성장하고 있고, 세상을 바라보는 관점도 넓어지고 있으며, 혼자가 아닌 친구를 원하는구나 하고 생각하면 부모로서 마음이 참 행복해집니다. 그래서 도늬 가족은 도늬의 친구 만들기 프로젝트를 다시 시작해나가려고 합니다.

10

'만약에', '혹시나'에 대한 대안이 필요해요

학교 적응을 못 하는 경우가 많이 있어요.

전학, 유예, 이사… 혹시 모르니 염두에 두어야 합니다.

학교를 입학하기 전에는 우리 마음이가 등교할 수 있을까 걱정을 하고, 입학을 하고 난 다음에는 우리 마음이가 얼마나 잘 적응하며 학교를 다닐까를 고민하게 됩니다. 우리 마음이가 단 한 번의 문제가 없이 학교를 잘 다닌다면 더할 나위 없이 좋지만, 교우관계, 학습관계, 발달 수준한계, 학습 격차 등 여러 가지 이유로 대안도 마음 한켠에 염두에 두어야 합니다. 언제든 우리 마음이가 괴롭힘을 당할 수도 있고, 마음이의 행동 때문에 민원을 제기받을 수도 있고, 등교를 거부할 수도 있고, 학업 스트레스로 힘들어할 수도 있습니다. 이를 학교 부적응이라고 표현하겠습니다.

학교 부적응에 대한 대안을 생각하면 '전학'이 가장 먼저 떠오르며 머리가 아파오기 시작합니다. 만약 전학을 하게 되면 우리 가정에 대한 주거환경부터 이동 동선 등 신경 써야 할 것이 한둘이 아닙니다. 그럼에도 마음이의 학교 적응을 위해서라면 진지하게 전학을 고민하고 준비하기 시작하겠죠.

사실 전학의 절차는 크게 어렵지는 않습니다. 전학 갈 학교의 학구도 내로 이사를 확정한 후 담임 선생님께 전학을 가겠다고 말씀드리면 됩니다. 다만, 전학을 가고자 하는 학교를 선정할 때에는 해당 특수교육지원센터를 통해 특수학급 설치 유무 및 특수학급 인원을 확인하여 마음이의 입학 가능 여부를 확인해야 합니다. 전학이 확정되면 교과서 등 학교에서 사용하던 물건을 챙긴 후 학교 행정실에서 우유 급식비나 기타 활동비를 정산하면 됩니다. 그리고 이사를 하는 곳의 주민센터에 전입신고를 하면 취학통지서가 다시 발급이 됩니다.

만약 전학을 고려하신다면 시기는 학기 중이 아닌 방학 기간 그리고 가능하면 학년이 시작될 때 해주시는 것이 마음이의 학교 적응에 좀 더 도움이 될 것입니다. 1학기는 모두에게 낯선 환경이 시작되기에 학기 중 친구 관계가 형성된 후에 전학하는 것보다는 새 학년이 올라갈 때 전학을 가는 것이 새롭게 시작하는 환경이기에 조금은 다름이 있는 마음이 전학생의 도드라짐을 줄일 수 있기 때문입니다.

만약, 이사를 하지 않고 공립학교로 전학을 해야 하는 상황이라면 반드시 특수교육지원센터에 전학을 해야 하는 이유를 말씀드리고 협의하여 우리 마음이가 전학할 수 있는 학교를 확인하셔야 합니다. 특수교육 대상자에 한하여 거주지 학구도를 벗어난 공립학교로 전학이 가능할 수 있지만, 타당한 사유가 필요하기 때문입니다. 다만, 사립초등학교는 이사 여부와 관계없이 지원을 통해 전학이 가능합니다.

7장

이 땅의
모든 마음이들을
응원하며

우리 마음이도 분명히
성장하고 있습니다

1

세상에서 가장 안전한 곳, 학교

누가 뭐라 해도 학교는 가장 안전한 학습터입니다.

마음이가 학교를 편하게 느끼게 해주세요.

초등학교 1학년 우리 마음이가 학교로 가는 길은 즐겁고 설레지만, 험난함도 기다리고 있습니다. 대한민국 국민이라면 누구나 경험하는 곳이지만, 왠지 우리 마음이네에게는 낯설고 미지의 세계처럼 느껴지는 것은 왜일까요? 그럼에도 불구하고 우리는 학교를 가야 합니다. 그곳에서 배우고 생활하면서 사회 구성원으로서 스스로 살아나갈 수 있는, 할 수 있는 방법을 터득해야 합니다. 마음이의 행복한 삶을 위해 자신감을 하나씩 찾아야 하는 오즈의 마법사 이야기와 같은 곳이 바로 학교입니다.

두려운 마음이 들지만 결코 두렵지 않은 곳이 학교입니다. 학교는 마음이에게 세상에서 가장 안전한 사회일 수 있습니다. 교문 앞을 통과할 때부터 반갑게 맞이해주시는 보안관 선생님을 시작으로 사회복무요원, 보건 선생님, 상담 선생님, 특수학급 선생님, 담임 선생님과 친구들까지 학교에서 마음이가 만나는 사람들은 모두 우리 마음이가 학교에 적응하여 즐겁게 생활할 수 있도록 도움을 줍니다.

안전한 학교에서 오히려 우리 마음이가 다른 친구의 안전을 방해하는 학생으로 오해받지 않도록 지도가 필요합니다. 수업시간이나 쉬는 시간에 친구들과 놀이에서 안전하게 지내는 방법을 알려줘야 합니다. 안전하게 학교에 다닐 권리는 우리 마음이에게도, 다른 친구들에게도 똑같이 있습니다. 다시 말하면 마음이가 다른 친구들을 불편하게 했다면 그에 대해 책임을 질 수 있어야 할 것입니다. 마음이로 인한 불편감이 마음이의 어쩔 수 없는 개인적인 특성일지라도 상대에게 무조적적인 이해와 선처를 요구하거나 납득시킬 수는 없습니다. 친구들 관계에서 서투른 행동으로 물건을 떨어뜨리거나 밀치거나 던지는 행동, 모래나 흙을 뿌리는 행동, 놀이 문화에서 질서 유지 등 친구에게 조심해야 하는 상황을 늘 가정에서 설명하면서 단체생활에 임해야 합니다.

설사 학교와의 소통 관계가 멀어진다 하더라도 다시 한 번 상의하여 고민을 해결해야 하는 곳도 바로 학교입니다. 우리 마음이의 성장에 가장 필요하고, 안전한 곳이 학교임을 잊지 마시고 마음이의 학교생활 적응에 하나씩 차근히 준비해나가시길 응원합니다.

2

부모가 아이에게 꼭 해주어야 할 이야기

엄마와 아빠도 마음이와 함께 1학년만큼 성장합니다.
항상 선생님에 대한 칭찬을 아끼지 마세요!

1학년 선생님들은 초등학교에 처음 오는 친구들과 학부모님들에게 어떤 이야기를 해주고 싶을까요? 대다수 선생님들은 학교를 겁내지 말라고 말씀하십니다. 유치원 교사로 근무했던 시절에도 마찬가지였습니다. 새로 보내는 낯선 환경에 대한 걱정과 두려움으로 고민하는 친구들이나 학부모님들을 종종 만났습니다.

우리 가정에서는 마음이에게 학교는 안전하고 학교 선생님은 무섭기보다는 우리 마음이의 편에서 학교를 잘 다닐 수 있게 도와주는 분으로 설명을 해주셔야 합니다. 선생님 앞에서 무섭고 두려워 말도 못 하고 몸이 배배 꼬이는 마음이가 되지 않게 해주세요.

　마음이를 비롯한 모든 학생들은 학교에서 가장 행복해야 합니다. 학생들이 학교에서 가장 오랜 시간 머무는 곳은 교실입니다. 담임 선생님의 지도하에 행복하고 즐거운 학습과 배움이 있는 곳, 그리고 선생님도 가르침을 통해 행복을 느끼는 1학년 교실이 될 수 있게 가정에서 학교와 선생님에 대하여 좋은 이야기를 많이 해주세요. 학교와 선생님에 대한 신뢰는 안정감으로 바뀌어 우리 마음이의 학교 적응에 더 많은 도움이 될 것입니다. 혹시라도 부모님이 학교에 대해 불안하고 두려운 마음이 들 때가 있더라도, 절대 그 마음을 마음이가 눈치 채지 않도록 주의해주세요.

3

인정하고 싶지 않지만, 인정해야 하는 현실의 벽

다른 친구들과 격차가 없다면 거짓말이겠죠? 우리 마음이의 학습 수준을 점검하고 싶다면, IQ검사로 수준을 체크해보세요.

우리 마음이는 학교에서 공부, 식습관, 예의규범, 교우관계 등 많은 것을 배웁니다. 그럼에도 불구하고 학생에게 학교에서 무엇을 하는 곳이냐고 물으면 '공부'라고 대답할 것입니다. 우리 마음이를 포함하여 학생들이 학교에서 가장 많이 하기로 계획된 것이 '공부'이기 때문입니다. 마음이가 학교에 입학한 만큼 이제는 학습을 시작해야 합니다.

그런데, 여기서 우리 가정에서는 마음이의 학습 능력을 알고 있을까요? 조금은 무거운 이야기일 수 있지만, 웩슬러 지능검사 등을 통해 우리 마음이의 지적능력을 확인해보시는 것을 추천합니다. 그 결과를 무조건적으로 맹신하라는 게 아니라 우리 아이의 학습 목표 설정 시 참고할 수 있음을 말씀드립니다. 통계적으로 IQ가 80에서 120을 보통의 평균이라고 말하며, 인구의 70%가 해당 분포에 속합니다. IQ 70 이하를 경계성 장애로 보고, IQ 60 이하를 지적장애로 진단할 수도 있습니다.

아주 현실적으로 이야기한다면, 지능검사를 통해 IQ가 50 미만으로 나온 마음이에게 다른 친구들과 똑같은 국어 숙제, 수학 문제 풀이를 강요하면 엄마, 아빠의 희망과 마음이의 수준에 따른 스트레스가 부딪히는 서로가 상처받는 상황이 자주 연출될 것입니다. 마음이의 능력보다 버거운 과제 제공은 학습에 대한 좌절감만 제공할 뿐입니다. 따라서 주기적으로 병원에서 IQ를 체크해보는 것도 우리 아이의 학습에 대한 계획을 준비하는 방법 중 하나입니다.

만약, 우리 마음이의 지능검사 결과가 의학적으로 이야기하는 70 이하의 수준이 반복된다면, 적절한 학습의 양, 수준을 맞춰서 마음이에게 제공해야 할 필요도 있습니다. 의지를 절대 낮추려는 것이 아닌 마음이가 좀 더 행복하게, 스트레스를 받지 않고 학교생활을 할 수 있게 조율하도록 생각해보는 것을 말씀드리고자 합니다.

물론, 우리 가정에서 요구하고 희망하는 대로 마음이가 잘 이행하면 위의 내용이 무색해질 것입니다. 저 또한 그런 사례가 많았으면 좋겠지만, 현실은 그렇지 못하는 경우가 많기에 가정에서 인정해야 하는 현실의 벽은 일부는 인정해야 할 것입니다. 학교 입학 후 친구들과의 관계,

학교에서의 선생님의 피드백, 그리고 우리 마음이의 학교생활과 학습 습득 정도를 살펴보시면서 천천히 학교 학습 정도에 대하여 고민과 판단을 해보시기 바랍니다.

4

2학년 격차 도전!
이제 2학년으로 올라가볼까요?

2학년까지는 해볼 만합니다. 본격적인 학교 학습은 3학년부터 시작돼요.
그래서 3학년이 되기 전 학교 적응을 끝내야 합니다.

수줍은 봄바람의 3월, 뜨거운 8월의 여름이 지나고 찬바람이 부는 10
월의 가을이 오면 어느덧 첫눈이 내리는 12월, 그리고 겨울방학이 찾아
옵니다. 손꼽아 기다렸던 3월 2일의 입학식은 어느덧 긴 기억의 추억으
로 사라지고 2학년이라는 또 하나의 무거움이 다가옵니다. 학교 입학 후
1년의 학교생활을 통해 마음이의 성장과 학교 적응이 익숙해졌다면 2학
년의 생활도 크게 걱정할 필요가 없습니다. 그런데 학교 적응에 대한 숙
제가 어느 정도 마무리되니 왠지 2학년이 되면 더 많은 무언가를 해야 할

것 같은 걱정이 또 생겨납니다. 아직 덧셈, 뺄셈도 부족한 우리 마음이가 곱셈을 해야 한다는 걱정이 생기고, 1학년 때에는 하지 않았던 받아쓰기 시험도 걱정이 됩니다.

1학년에 비해 2학년은 수업 총 시간이 조금 늘어납니다. 하지만, 크게 체감되지 않는 이유는 1학년 때에도 5교시까지 수업을 하는 경우가 있었기에 마음이가 집에 오는 시간은 비슷하다고 느껴질 것입니다. 그리고 1학년에 비해 2학년에 올라가면 달라지는 것은 친구들의 학교생활 태도입니다. 아무것도 모르고 입학했던 1학년 친구들은 단체생활과 시간표, 수업 패턴 등을 익히면서 2학년을 맞이합니다. 수업시간에는 어떻게 해야 하고 쉬는 시간에는 누구랑 어떤 놀이를 하며, 선생님에게는 어떤 관심을 받고 안 혼나려면 어떻게 하는지 등을 스스로 배우고 행동하게 됩니다. 이제부터 조금씩 격차가 발생하고, 우리 마음이가 따라 잡지 못하는 영역의 차이가 나타납니다.

같은 반 친구들끼리 성장이 조금 빠른 여자 친구들끼리는 서로 그룹을 형성하여 놀기 시작하고, 남자아이들은 조금 더 거칠어진 형태로 장난을 치는 행동이 늘어나는 시기가 2학년입니다. 이게 바로 사회성이라는 것이고, 학교를 통해 마음이가 가장 배워야 하는 친구들의 놀이, 생활 패턴을 익혀야 하는 부분입니다. 1학년에 비해 2학년에 들어서면 가장 먼저 겪어야 하는 것이 친구들 놀이 문화에서의 격차 극복입니다. 수업시간에 받아쓰기, 덧셈, 뺄셈 숙제, 구구단 외우기, 악기 연주 등 1학년에 비해서 보다 구체적이고 난이도가 높아지는 것도 준비해야 하지만, 친구들과의 놀이 문화 형성에서 격차를 먼저 느끼게 되기 때문입니다.

우리 마음이의 부족함은 점점 더 느낄 수밖에 없지만, 우리 마음이가 잘할 수 있는 영역을 만들어서 쉬는 시간에 친구들과 어울릴 수 있게 하고 수업시간에 일주일에 한 번 정도는 자신 있게 발표도 하고 칭찬도 받는 마음이가 될 수 있게 1학년 겨울방학을 준비해야 합니다. 꼭 명심해야 할 것은 학업 등 마음이의 학교생활에 대한 계획은 다른 아이들의 모습이 아니라 마음이의 발달 상황, 컨디션에 따라야 함에 흔들림이 없으시도록 노력하셔야 합니다. 부모님의 불안과 걱정으로 인한 조급함이 마음이에게 부담으로 다가가 자신 없는 마음, 포기하고 싶은 마음이 생길 수도 있기 때문입니다. 우리 마음이도 분명히 성장하고 있음을… 앞으로 성장할 날이 많이 남아 있음을… 꼭 기억하세요.

이제 마음의 준비는 모두 끝이 났습니다. 우리 마음이의 학교 준비는 우리 각 가정의 마음가짐과 동일한 수준입니다. 학교 교문을 통해 씩씩하게 등교하는 우리 마음이를 상상해봅니다. 우리 마음이는 친구들과 함께 생활하면서 천천히 성장하며 학교에 적응해나갈 것입니다. 초등학교 1학년을 준비하는 이 땅의 모든 마음이들을 진심으로 응원합니다. 또한 우리 마음이가 사회 구성원으로 성장할 수 있도록 이끌어주시는 모든 마음이 부모님들의 노력에 격려와 칭찬의 박수를 보냅니다.

우리는 해낼 수 있습니다.

부록 1 – 초등학교 1학년 하루 일과표

구분	시간	주요 내용
등교	8시 50분까지	담임 선생님마다 등교 시간이 다릅니다. 지각을 하지 않는 것이 가장 중요하고, 안전 사고 발생 우려로 인해 학교에서 너무 빨리 등교하는 것도 관리하고 있습니다. 늦게 오면 눈치 보이고 불안한 마음, 나를 모두가 쳐다보는 것 같은 요인들을 해소해줘야 합니다. 학교생활 적응에 가장 중요한 요인입니다.
아침 자율 학습	8시 30분~9시	조금 일찍 온 친구들은 독서, 자기 자리 정리, 사물함 물건 관리 등을 진행합니다. 아침방송 조회가 있기도 하고 담임 선생님이 안내한 매뉴얼 과제 등을 이행하기도 합니다.
1교시	9시~9시40분	기본적인 수업은 40분 수업, 10분 휴식입니다. 수업시간에 중요한 것은 40분 동안의 착석입니다. 수업 중 자리이탈 등은 담임 선생님이 수업을 이끌어가시는 데 가장 큰 어려움입니다. 우리 마음이들이 통합수업과 특수학급 수업으로 분반이 되더라도 착석은 교사 입장에서 아이들을 관리하는 데 가장 필요한 요인이니 꼭 40분의 착석을 충분히 연습하고, 그리고 학습으로 이어나가야 됩니다. 쉬는 시간엔 화장실 가는 습관이 필요합니다. 물론 수업시간 중 화장실 가는 것이 가능하지만, 한두 번씩 수업시간에 이동하게 되면 아이들의 눈치가 보이는 시점이 생기게 됩니다. 단체생활 적응에 우리 마음이들도 패턴을 익히고, 3월 한 달의 과정을 통해 익숙해져야 합니다.
쉬는 시간	9시40분~9시50분	
2교시	9시50분~10시30분	
쉬는 시간	10시30분~10시40분	
3교시	10시40분~11시20분	
쉬는 시간	11시20분~11시30분	
4교시	11시30분~12시10분	
점심시간	12시10분~13시	우리 마음이들이 가장 기다리는 시간입니다. 유치원처럼 오전 간식 시간이 없기 때문에 등교 후 처음으로 먹게 되는 음식인 거죠. 급식실로 이동하여 각 학년과 반의 순서에 따라 밥을 먹고, 식사 시간 이후 친구들과 자유롭게 놀 수 있는 시간을 갖게 됩니다. 도서관이나 상담실도 갈 수 있고 학교 운동장에서 친구들과 놀 수 있는 시간이 주어진다는 것에 아이들이 가장 좋아하는 시간이죠. 간혹 친구들과의 교감이 적은 마음이들 중에는 음식에 집중하여 급식을 과하게 먹는 경우도 발생합니다. 점심시간의 식사량 안내와 친구들과 놀이 문화, 교우 형성에 적응이 필요한 시간입니다.
5교시	13시~13시40분	수업
하교	13시40분 ~	하교시간은 각 학교의 일정에 따라 상이합니다. 급식 후 바로 하교하는 일정이 1학년에는 많습니다. 주 5일 일정 중 4교시, 5교시 후 하교하는 일정이 풍당풍당으로 진행됩니다. 학기 초에는 점심까지 먹고 집으로 돌아온다고 생각해주세요. 하교 시에는 다음 날 준비물 및 유의사항, 알림장 안내 등이 다시 한 번 안내되고, 최근에는 학부모님들과 어플리케이션을 통해 알림이 진행되고 있으니 아이들의 알림장과 어플을 통해 더블 체크하시면 됩니다. (학교 알림 어플 : e알리미, 하이클래스, 클래스팅 외)

부록 2 - 학교 연간 계획표

월별	주요행사
3월	☑ 입학식 ☑ 학부모총회 : 3월 중순 진행. 공개 수업 후 교육과정, 담임 선생님의 학급 운영 방향 안내, 학교 전체 학부모 단체 임원 선출 진행 (임원 참가 권장) ☑ 학급 회장단 선거 : 1학년의 경우 일일 회장으로 운영하는 사례가 많음
4월	☑ 방과 후 활동 : 3월 신청을 통해 학급 하교 후 이동하여 수업 참여 ☑ 과학의 달 행사 : 학년별 수준에 맞게 행사 진행, 1학년은 그리기 대회 진행 ☑ 봄 소풍 : 현장 체험학습으로 진행되며, 상황에 따라 보호자가 대동해야 할 경우 담임 교사와 협의를 통해 진행 ☑ 학부모 상담 주간 : 가정통신문을 통해 일정 공지 후 스케줄 협의. 마음이의 학교생활에 대한 이야기를 나누는 시간, 통상 30분 이내로 진행
5월	☑ 소운동회 : 어린이날 주간에 진행되며, 학교마다 하반기에 운동회를 하는 경우도 많음 ☑ 어버이날 행사 : 카네이션 만들기, 편지 쓰기 등 진행 ☑ 신체검사 : 키, 몸무게를 측정하는 검사, 교실 또는 보건실을 이용하여 자율적으로 진행됨
6월	☑ 보훈의 달 행사 : 현충일, 6.25 전쟁일 등을 공부하며 관련 주제로 행사, 수업 후 글짓기, 표어 만들기 등 진행
7-8월	☑ 여름방학 : 7월 중순부터 9월 초까지 학교 재량에 따라 방학 일수, 일정이 상이함
9월	☑ 학급 회장단 선거 : 2학기 학급 회장단 선거 ☑ 학부모 상담 주간 : 1학기 대비 성장한 마음이들을 담임 교사와 살펴보는 시간
10월	☑ 가을 운동회 : 학교 재량에 따라 운동회의 규모를 운영함. 학년별 운동회 또는 전교생 대상 운동회 등 학교 규모, 인원에 따라 상이함, 달리기와 무용 등 운동회 준비를 위한 체육 수업에 대한 참여 정도 확인 필요 ☑ 가을 소풍 : 교과 수업과 연계하여 체험학습 등을 진행 (작물 캐기, 낙엽 밟기 등) ☑ 한글날 행사 : 10월 9일 전후로 한글과 관련한 언어 사용, 글짓기 등 수업, 행사 ☑ 독서, 토론 대회 : 학년별 수준에 맞게 도서 선정 후 책 읽고 소감, 독후감, 토론 등 수준별 행사 일정 진행
11월	☑ 학예회 : 학년별 단체율동, 노래, 연주 등 연습 후 준비, 발표하는 일정으로 아이들의 끼와 재능을 뽐내는 시간. 마음이들이 잘할 수 있는 예체능이 필요하며, 친구들과 함께 할 수 있다는 것을 표현할 줄 알아야 함
12월-1월	☑ 겨울방학 : 12월 중순부터 2월까지 각 학교별 수업 일수를 고려하여 재량껏 방학일을 정함. 통상적으로 방학은 전년도 일정을 고려하여 진행함 (학원 스케줄 및 각 가정 일정 사전 준비 등을 위한)
2월	☑ 졸업식 : 2월 중순 전후로 6학년의 졸업식이 진행 ☑ 종업식 : 2월 중순 한 학년을 마무리하는 종업식 진행. 종업식 후 3월 2일 개학일 전까지 봄방학을 맞이하며, 2학기 생활통지표를 통해 2학년 반 배정 확인

부록 3 - 장애인 특수교육법에 대한 용어 안내

장애인 등에 대한 특수교육법 (약칭 : 특수교육법)

제2조 (정의)

1. "특수교육"이란 특수교육대상자의 교육적 요구를 충족시키기 위하여 특성에 적합한 교육과정 및 제2호에 따른 특수교육 관련서비스 제공을 통하여 이루어지는 교육을 말한다.

2. "특수교육 관련서비스"란 특수교육대상자의 교육을 효율적으로 실시하기 위하여 필요한 인적 · 물적 자원을 제공하는 서비스로서 상담지원 · 가족지원 · 치료지원 · 지원인력배치 · 보조공학기기지원 · 학습보조기기지원 · 통학지원 및 정보접근지원 등을 말한다.

3. "특수교육대상자"란 제15조에 따라 특수교육이 필요한 사람으로 선정된 사람을 말한다.

4. "특수교육교원"이란 「초 · 중등교육법」 제2조제4호에 따른 특수학교 교원자격증을 가진 사람으로서 특수교육대상자의 교육을 담당하는 교원을 말한다.

5. "보호자"란 친권자 · 후견인, 그 밖의 사람으로서 특수교육대상자를 사실상 보호하는 사람을 말한다.

6. "통합교육"이란 특수교육대상자가 일반학교에서 장애유형 · 장애정도에 따라 차별을 받지 아니하고 또래와 함께 개개인의 교육적 요구에 적합한 교육을 받는 것을 말한다.

7. "개별화교육"이란 각급학교의 장이 특수교육대상자 개인의 능력을 계발하기 위하여 장애유형 및 장애특성에 적합한 교육목표 · 교육 방법 · 교육내용 · 특수교육 관련서비스 등이 포함된 계획을 수립하여 실시하는 교육을 말한다.

8. "순회교육"이란 특수교육교원 및 특수교육 관련서비스 담당 인력이 각급학교나 의료기관, 가정 또는 복지시설(장애인복지시설, 아동복지시설 등을 말한다. 이하 같다) 등에 있는 특수교육대상자를 직접 방문하여 실시하는 교육을 말한다.

9. "진로 및 직업교육"이란 특수교육대상자의 학교에서 사회 등으로의 원활한 이동을 위하여 관련 기관의 협력을 통하여 직업재활훈련 · 자립생활훈련 등을 실시하는 것을 말한다.

10. "특수교육기관"이란 특수교육대상자에게 유치원 · 초등학교 · 중학교 또는 고등학교(전공과를 포함한다. 이하 같다)의 과정을 교육하는 특수학교 및 특수학급을 말한다.

11. "특수학급"이란 특수교육대상자의 통합교육을 실시하기 위하여 일반학교에 설치된 학급을 말한다.

12. "각급학교"란 「유아교육법」 제2조제2호에 따른 유치원 및 「초 · 중등교육법」 제2조에 따른 학교를 말한다.

** 출처 : 법제처 (국가법령정보센터)